U0147875

新文京開發出版股份有限公司

NEW
WCDP

新世紀・新視野・新文京―精選教科書・考試用書・專業參考書

 New Wun Ching Developmental Publishing Co., Ltd.

New Age · New Choice · The Best Selected Educational Publications — NEW WCDP

物理
Physics

蔡耀智 編著

國家圖書館出版品預行編目資料

物理 / 蔡耀智編著. — 初版. — 新北市：新文京
開發, 2019.04
　　面；　公分

ISBN　978-986-430-501-8（平裝）

1. 物理學

330　　　　　　　　　　　　　108005357

物理 　　　　　　　　　　　　　　　　（書號：E439）

編　　者　蔡耀智
出 版 者　新文京開發出版股份有限公司
地　　址　新北市中和區中山路二段 362 號 9 樓
電　　話　(02) 2244-8188（代表號）
F　A　X　(02) 2244-8189
郵　　撥　1958730-2
初　　版　西元 2019 年 05 月 01 日

有著作權　不准翻印　　　　　　　建議售價：360 元
法律顧問：蕭雄淋律師
ISBN　978-986-430-501-8

序言

一、本書著重於理論之說明，及觀念之建立，因此較深澀之公式推導多
　　予以刪除，以提升學生的學習興趣，達到易學易懂之目標。

二、本書每章前均有「學習目標」，讓整章內容概略性呈現，使讀者有粗
　　淺概念，閱讀時能掌握重點。每章後附有「摘要」，做重點式整理，
　　使學生更能掌握重點內容，更方便複習，搭配每章前的「學習目
　　標」，效果更好。

三、本書所有例題及練習題皆經仔細考慮，選擇具有代表性之題目，其
　　目的在加強培養學生基本觀念及其應用的能力。

四、本書使用大量的彩色圖表，這些圖表皆經周密規劃，能與課文配
　　合，對教師教學及學生理解，必有相當助益。

五、本書附有實驗，供教師做示範實驗或供學生分組實驗用，教師可參
　　酌使用，使學生能從實驗中驗證物理原理並提高學習興趣。

六、本書每章後均編有「習題」提供學生自我鑑定學習成果，達到精熟
　　課程的目的，也提供教師作為指定作業之參考。

七、本書在編寫過程中，雖力求審慎，仍恐不免有疏漏之處，請各位教
　　學先進不吝指正，以供修訂之參考，不勝感激！

目 錄

附 錄

Chapter 01
緒論

學習目標

1. 能瞭解物理學發展簡史。
2. 能瞭解物理量的意義。
3. 能說出國際單位系統（SI 制）。
4. 能說出長度、質量和時間的公制單位。
5. 能說出公尺、公斤、秒的制定標準。

1-1　物理學發展簡史

一、物理學研究的範圍與探討的對象

「物理(physics)」一詞源自希臘文「自然」，早期物理被稱為**自然哲學**(natural philosophy)，因此舉凡與自然現象有關的道理都是物理探討的範圍。大致來說，物理學所探討的是自然界的最基本層面，舉凡空間與時間的概念、物質間的交互作用、物質與能量的關係等，皆為物理學研究之範圍。

物理學所探討的對象非常廣泛，一般而言，西元 1900 年以前的物理學，通稱為古典物理學(classical physics)，而西元 1900 年以後所發展的物理學，稱為近代物理學(modern physics)。

古典物理學根據其研究內容不同而概分為以下面四個部門：

1. **力學**：以牛頓三大運動定律與萬有引力為基礎，探討力與運動的關係。

2. **熱學**：探討熱、內能、功與溫度間的關係。

3. **光學**：探討光的傳播、反射、折射、干涉和繞射等現象。

4. **電磁學**：探討電與磁的各種現象，以及兩者之間的關聯。

近代物理學的內容是以**量子力學**(quantum mechanics)和**相對論**(relativity)為兩大門柱。量子力學是研究微觀世界的各種力學現象，相對論則包括了**狹義相對論**(special theory of relativity)和**廣義相對論**(general theory of relativity)兩個部分，前者研究物體運動速度接近光速時的各種現象，後者研究重力與宇宙之時空結構關係。

以下就物理各部門的發展作簡單介紹。

二、力學發展簡史

　　力學是最原始的物理學分支，而最原始的力學則是靜力學。靜力學源於人類文明初期生產勞動中所使用的**簡單機械**，如槓桿、滑輪、斜面等。古希臘人從大量的經驗中瞭解到一些與靜力學相關的基本概念和原理，如**槓桿原理**和**浮力原理**。雖然這些知識尚屬力學的萌芽，但在力學發展史中應有一定的地位。

　　大約在二千多年前，正當科學萌芽之際，許多哲學家例如<u>亞里斯多德</u>(Aristotle, 384~322B.C.) 都認為**地球**為宇宙中心，後來<u>托勒密</u>(Ptolemaeus, 90~168) 總結了古<u>希臘</u>天文學的成就，寫成了《天文學大成》。他是「**地心說**」（圖 1-1）的提倡者，他以嚴謹的數學體系說明太陽、月亮、行星在天空中的運動軌跡。後世一直把<u>托勒密</u>的宇宙體系奉為圭臬，直到<u>哥白尼</u>(Nicolaus Copernicus, 1473~1543)的《天體運行論》出版，「**日心說**」（圖 1-2）才漸漸被人們所接受。

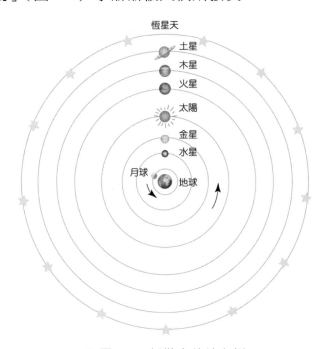

❋ 圖 1-1　托勒密的地心說

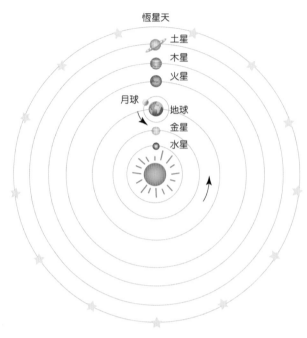

恆星天
土星
木星
火星
月球
地球
金星
水星

⚹ 圖 1-2　哥白尼的日心説

　　到了 1609 年，天文學家克卜勒(Johannes Kepler, 1571~1630)總結了他的老師第谷(Tycho Brahe, 1546~1601)的觀測數據提出**克卜勒行星運動三大定律**，準確估算出行星繞著太陽的公轉數據。

　　與此同時，伽利略(Galileo Galilei, 1564~1642)對力學開展了廣泛研究，得到了自由落體定律。伽利略的兩部著作《關於托勒密和哥白尼兩大世界體系的對話》和《關於力學和運動兩種新科學的談話》，為力學發展奠定了良好的基礎。

　　1687 年，牛頓(Isaac Newton, 1643~1727) 出版了《自然哲學的數學原理》一書，這部里程碑式的著作標誌著古典力學體系的正式建立。牛頓在人類歷史上首次用一組基礎數學原理，即**牛頓三大運動定律**和**萬有引力定律**，來描述宇宙間所有物體的運動。

三、熱學發展簡史

　　熱學起源於熱現象和熱本性的研究，熱和溫度概念是在伽利略發明了溫度計後才逐漸釐清的。

　　人們最初對熱的本性的認知可以用所謂「**熱質說**」來概括，即熱是一種會從高溫物體流向低溫物體的物質。熱質說能解釋很多熱現象，但到了十八世紀末，冉福得(Count Rumford, 1753~1814)領導鑽制大炮工作時，發現銅炮在鑽了很短一段時間後就會產生大量的熱；而被鑽頭從炮上鑽出來的銅屑更熱，因此冉福得認為熱不是物質。1841 年，英國物理學家焦耳(James Prescott Joule, 1818~1889)從實驗中驗證了**熱是能量的一種形式**。

　　熱既然是能量，於是科學家開始推測氣體分子的動能即為熱能，此為**分子運動論**。最早嘗試建立分子運動論的人是瑞士數學家歐拉(Leonhard Euler, 1707~1783)，他曾假設空氣由大量旋轉的球形分子構成，並且在任意溫度下分子速率都相同。從這個假設出發，他推導出氣體壓力和密度成正比，這相當於在理論上證明了**波義耳定律**。而白努利(Daniel Bernoulli, 1700~1782)在 1738 年出版的《水力學》一書中，認為氣體中存在大量沿不同方向運動的分子，這些分子對容器表面的衝擊效應構成了宏觀上的氣體壓力，他同樣從分子運動得到了更具普遍意義的壓力公式，然而這些觀點在當時並未被接受。直到 1856 年，德國化學家克羅尼格(August Kronig, 1822~1879)創建了一個簡單的氣體分子平動模型，由此導出理想氣體狀態方程式，氣體動力才被多數人接受。

四、光學發展簡史

　　西方世界中最早的光學研究記載來自歐幾里得(Euclid, 330~260 B.C.)的《反射光學》；1611 年，克卜勒在他的光學著作《折光學》中記載了他所進行的光折射實驗，並記錄他在實驗中曾觀察到的**全反射**現象。

1621 年，荷蘭物理學家司乃耳(Willebrord Snellius, 1580~1626)進行和克卜勒相類似的實驗，總結出了折射定律，此折射定律常被稱作**司乃耳定律**。

1704 年，牛頓出版了《光學》一書，彙整他在光的反射、折射、色散和繞射等光學領域的研究過程。

光的本性問題是物理學界長久以來一直爭論不休的一個難題。牛頓在思考這個問題時，將他所擅長的物質、粒子和力等概念滲透到光學中，從而將光的本性解釋為**粒子**。他認為光的粒子以一定的速率在真空中保持直線運動，光的**粒子說**可成功解釋光的反射現象。但是，對於光的折射與繞射性質，則無法解釋得很完善。關於光的本質當時很多物理學者一直持有另外一種觀點，即光是一種波動，此為光的**波動說**。持這種波動觀點的代表人物是惠更斯(christiaan Huygens, 1629~1695)。惠更斯在 1678 年所闡述的觀點認為，光是發光體內部粒子振動所產生的波動，此觀點似乎更能解釋一些光的折射現象。然而，當時科學界相信牛頓的權威，較推崇粒子說。

這種情形一直持續到十九世紀初，1801 年英國科學家楊氏(Thomas Young, 1773~1829)做了光的**雙狹縫干涉實驗**，對波動說的正確性提出有力證明。但是，後來有**光電效應**等實驗，又不得不以光的粒子說來解釋。在量子力學裡，微觀粒子有時會顯示出波動性（這時粒子性較不顯著），有時又會顯示出粒子性（這時波動性較不顯著）。光在不同條件下分別表現出波動或粒子的性質，這種現象稱為**波粒二象性**。

五、電磁學發展簡史

靜磁現象和靜電現象很早就受到人類注意。公元前 6、7 世紀就發現了磁石吸鐵、磁石指南以及摩擦生電等現象，但對這些現象進行有系統地研究則始於 16 世紀，1600 年英國醫生吉爾伯特(William Gilbert,

1544~1603)發表了《論磁、磁飽和地球作為一個巨大的磁體》，他總結了前人對磁的研究，周密地討論了地磁的性質，記載了大量實驗，使磁學從經驗轉變為科學。

靜電現象的研究較為困難，因為沒有找到適當的方式來產生穩定的靜電並進行測量。直到發明了摩擦起電機後，人類才開始對電有初步的認識。

1750 年米切爾(John Michell, 1724~1793)提出磁極之間的作用力遵守平方反比定律，1785 年庫侖(Charles Augustin Coulomb, 1736~1806)公布了用扭秤實驗得到電力的平方反比定律，使電學和磁學進入了定量研究的階段。

1780 年，賈法尼(Aloisio Galvani, 1737~1798)發現動物可帶電；1800年伏打(Alessandro Volta, 1745~1827)發明電堆，使穩定電流的產生有了可能，電學由靜電走向動電，導致 1820 年厄司特(Hans Christian Oersted, 1777~1851)發現電流的磁效應。於是，電學與磁學彼此隔絕的情況有了突破，開始了**電磁學**的新階段。

在這以後，電磁學的發展勢如破竹。首先對電磁作用力進行研究的是法國科學家安培(Andre Marie Ampere, 1775~1836)，他提出了**安培右手定則**，並用電流繞地球內部流動解釋地磁的起因。

1831 年，英國物理學家法拉第(Michael Faraday, 1791~1867)發現**電磁感應**現象，進一步證實了電與磁現象的統一性。法拉第認為物質之間的電力和磁力都需要由媒介傳遞，媒介就是電場和磁場。

1865 年，馬克士威(James Clerk Maxwell, 1831~1879)用一套方程組概括電磁規律，建立了電磁場理論，預測了光的電磁性質。

六、近代物理發展簡史

　　1900 年初，在熱力學第一定律及熱力學第二定律的建立作出重大貢獻的克耳文(Baron Kelvin, 1824~1907)在皇家學會的新年致辭中，發表了題為「籠罩在熱和光的動力理論上的十九世紀之雲」的著名演講。他認為物理世界晴空萬里，動力理論可以解釋一切物理問題；唯有兩個小問題有待解決：**黑體輻射**和**乙太理論**的理論解釋。當時的物理學家們樂觀不已，仿佛自己已經掌握了宇宙所有真理。

　　1900 年底，德國科學家普朗克(Max Planck, 1858~1947)提出了震撼物理界的新觀念「**量子論**」，他認為粒子的能量決定於粒子的振盪頻率，從而成功解決了黑體輻射問題；而乙太是否存在的問題，則由愛因斯坦(Albert Einstein, 1879~1955)提出的「**相對論**」所闡明。這兩者構成了近代物理。

1-2　物理量的測量與單位

一、物理量

　　物理學之研究必須經由實驗反覆驗證，而測量是實驗的重要步驟，我們將物理學上所測量的結果稱為物理量，一個完整的物理量包括數字和單位兩個部分。例如金氏世界紀錄中最高的人（如圖 1-3）身高為 272 公分，272 公分就是一個完整的物理量，其中 272 為數字部分，公分為單位部分，只有數字或只有單位就不能算是完整的物理量。物理量的測定中，做為比較的標準者即是**單位**(unit)，而測量之結果就以單位的倍數表示，此倍數即為**數字**部分。

✖ 圖 1-3　金氏世界紀錄中最高的人

　　物理量依據其是否具有方向性可分為向量和純量，具有方向性的物理量稱為向量，如速度、加速度、力、電場等皆為向量。不具有方向性的物理量稱為純量，如質量、速率、密度等皆為純量。亦即向量具有大小和方向，而純量就只有大小而沒有方向，向量與純量整理如下表 1-1 所示：

▶ 表 1-1　向量與純量

物理量	依據是否具有方向性而分類
向量	具有方向性者，如：速度、加速度、力、電場等
純量	不具有方向性者，如：質量、速率、密度等

　　物理量依據其是否可由其他物理量來定義而分為基本量和導出量。無法由其他物理量來定義者，稱為基本量，力學有三個基本量：長度、質量、時間，另外加上溫度、光度、電流、物質量共有七個基本量。而其他物理量皆可由基本量推導出來，稱為導出量，如面積（＝長度^2）、體積（＝長度^3）、密度（＝質量÷長度^3）、速度（＝長度÷時間）、加速度

（＝長度÷時間^2）、力（＝質量×長度÷時間^2）等都是導出量，基本量與導出量整理如下表 1-2 所示：

▶ 表 1-2　基本量與導出量

物理量	依據是否可由其他物理量來定義而分類
基本量	可直接測量而不需其他物理量定義者稱之，共有長度、質量、時間、溫度、光度、電流、物質量等七項基本物理量
導出量	需由基本量推導者稱之，如：面積、體積、密度、速度、加速度、力等

二、國際單位系統

　　測量時所使用的單位，是理解其測量結果的重要語言，適當而統一的單位有其必要性。目前普遍使用的是**國際公制單位系統**，簡稱為 **SI 制**（SI 是法文 Systeme International d'Unites 的縮寫），是 1971 年第 14 屆國際度量衡大會決議採用的。七個基本量的 SI 制單位系統整理成如下表 1-3 所示。

▶ 表 1-3　國際公制單位系統

	長度	質量	時間	溫度	光度	電流	物質量
中文單位	公尺	公斤	秒	克耳文	燭光	安培	莫耳
英文單位	meter	kilogram	second	kelvin	candela	ampere	mole
單位符號	m	kg	s	K	cd	A	mol

　　導出量既然是由基本量推導出來的，所以它的單位就可以用基本量的單位來表示，也就是導出量是由基本量做乘除之後計算出來，而導出量的單位可以用基本量單位做乘除之後得之。例如：

密度＝質量÷體積＝質量÷長度^3

密度的單位可寫成公斤／公尺^{3}或公克／公分^3。另外，有些導出量有它自己的單位，例如力的單位是「牛頓」，若以基本量單位表示可寫成「公斤・公尺／秒^2」，詳細之原因見本書 2-3 節。

三、長度單位

SI 制中長度的單位是**公尺**(m)，又稱為米。1 公尺的原始定義是「經過巴黎的子午線，由赤道到北極長度的一千萬分之一」，如圖 1-4。1889 年國際度量衡會議決議按上述標準以**鉑銥合金**鑄造一個標準的**「公尺原器」**作為國際上的長度標準，如圖 1-5。由於公尺原器容易受到熱脹冷縮的影響而且不易複製，所以 1960 年國際度量衡會議決定以「氪－86(^{86}Kr)原子在真空中所發射橘紅色光波之波長的 1,650,763.73 倍」為 1 公

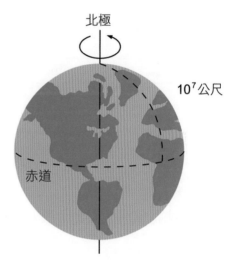

❋ 圖 1-4　公尺的原始定義

尺。之後長度標準歷經數次變革，1983 年國際度量衡會議重新制定 1 公尺為「光於 299,792,458 分之 1 秒內，在真空中所行的距離」。

❋ 圖 1-5　公尺原器

公制的長度單位係採十進制，表 1-4 為常用的長度公制單位。

▶ 表 1-4　常用的長度公制單位

名稱	符號	英文名稱	與公尺的換算關係
公里（千米）	km	kilometer	10^3 m
公尺（米）	m	meter	1 m
公分（厘米）	cm	centimeter	10^{-2} m
公釐（毫米）	mm	millimeter	10^{-3} m
微米	μm	micrometer	10^{-6} m
奈米	nm	nanometer	10^{-9} m
埃	Å	Angström	10^{-10} m

 例題 1-1

　我們常用的直尺最小單位是 1 公釐(mm)，相當於若干公里(km)？

 解

因 $1\,\text{mm} = 10^{-3}\,\text{m}$ 而且 $1\,\text{m} = 10^{-3}\,\text{km}$ 所以 $1\,\text{mm} = 10^{-3} \times 10^{-3}\,\text{km} = 10^{-6}\,\text{km}$

練習 1-1

　某雷射光之波長為 660 奈米，此波長相當於多少公尺？

　導出量的單位換算，可分別將各別的單位做換算，再做數字的乘除計算即可。導出量之單位換算實例請參考例題 1-2。

例題 1-2

如圖 1-6 所示為一子彈列車，其速度可達 504 公里／小時，若改以公尺／秒來表示，試求其值為何？

✤ 圖 1-6　子彈列車

解

$$504 \text{ 公里 / 小時} = \frac{504\text{公里}}{1\text{小時}} = \frac{504000\text{公尺}}{3600\text{秒}} = 140 \text{ 公尺 / 秒}$$

練習 1-2

某公車以 36km/hr 的速率在市區行駛，此速率相當於秒速多少 m/s？

四、質量單位

物體由物質所組成，而「物體所含物質的多寡」稱為**質量**。SI 制中質量的單位是**公斤**(kg)，又稱為**千克**。1 公斤的原始定義是「體積 1 公升的純水在 1 大氣壓下、溫度為 4℃時的質量」。由於純水不易取得，且很難維持固定的 4℃，再加上 1 公升的體積不易製作，於是 1889 年國際度量衡會議決議按

✤ 圖 1-7　公斤原器

上述標準以**鉑銥合金**鑄造一個標準的「公斤原器」作為國際上的質量標準，如圖 1-7。

公制的質量單位係採十進制，表 1-5 為常用的質量公制單位。

表 1-5　常用的質量公制單位

名稱	符號	英文名稱	與公克的關係
公噸	MT	metric ton	10^6g
公斤（千克）	kg	kilogram	10^3g
公克	g	gram	1g
毫克	mg	milligram	10^{-3}g

五、時間單位

SI 制中時間的單位是**秒**(s)，1 秒的原始定義是「一個平均太陽日的 86,400 分之 1」。**太陽日**是指地球上某處連續兩次對準太陽所經歷的時間。然而一年之中的太陽日長短不盡相同，我們將一年內各太陽日的平均值稱為一**平均太陽日**（俗稱一天），再將一平均太陽日劃分為 24 小時，1 小時再劃分為 60 分鐘，1 分鐘再劃分為 60 秒，因此一平均太陽日有 86,400 秒，而 **1 秒即為一平均太陽日的 86,400 分之 1**。

隨著科技的進步，對計時精準度的要求也愈來愈高，1967 年國際度量衡會議決議制訂 1 秒為「銫－133(^{133}Cs)原子能階躍遷時輻射電磁波振動週期的 9,192,631,770 倍」。利用銫原子振動週期來度量時間的工具即為銫原子鐘，可以很準確的測量時間，如圖 1-8。依此標準製作的鐘稱為**銫原子鐘**。

圖 1-8　銫原子鐘

公制的時間單位並非採取十進制，表 1-6 為常用的時間公制單位：

▶ 表 1-6　常用的時間公制單位

中文名稱	英文名稱	縮寫	與秒的關係
年	year	yr	$3.2×10^7$s
日	day	d	86,400s
時	hour	hr	3,600s
分	minute	min	60s
秒	second	s	1s

1-3　自然界的尺度

一、自然界中的大尺度

　　仰望滿天星斗，璀璨的天空、浩瀚的宇宙總讓人產生「宇宙有多大？星星有多遠？」的疑惑。由於宇宙空間非常遼闊，天文學上常以**光年(LY)**作為估量距離的單位。1 光年是指光在真空中行走 1 年的距離，由於真空中的光速約為 $3×10^8$ 公尺／秒，所以 1 光年約為 $3×10^8×86400×365$ $=9.46×10^{15}$ 公尺。

　　宇宙是由許多**星系團**所組成，我們在**本星系群**（圖 1-9）中，本星系群約涵蓋 100 萬光年範圍，估計約有 50 多個星系。星系團是由許多**星系**組成，我們在**銀河系**（圖 1-10）這著星系中，銀河系是一個直徑約 10 萬光年的棒旋星系，估計約擁有 2 千億顆恆星。星系是由許多**恆星系**組成，例如**太陽系**（圖 1-11）。我們地球是繞太陽運行的一顆行星，它和其他一些繞太陽運行的行星、彗星等組成太陽系。有些行星附近還會有衛星繞行星運行，例如地球附近有一顆月球繞地球運行。

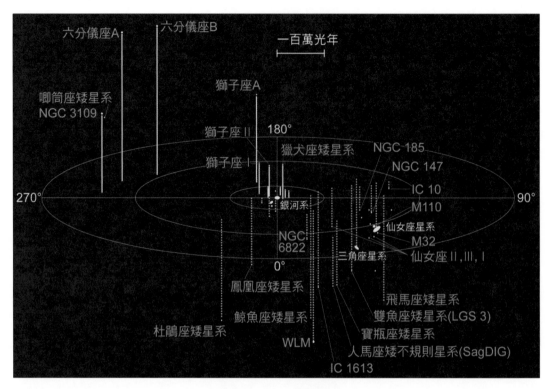

❀ 圖 1-9　本星系群

❀ 圖 1-10　銀河系

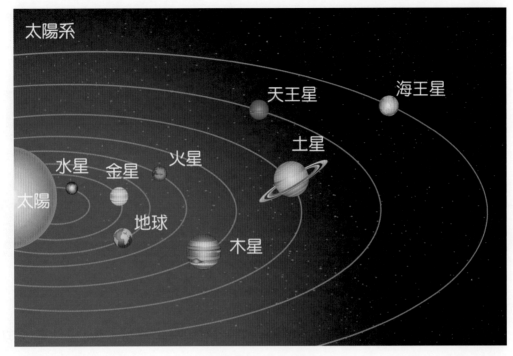

❋圖 1-11　太陽系

　　為了方便瞭解太陽系中星球間的距離，我們以地球到太陽的平均距離為 1 天文單位(AU)，簡寫為 1AU。1AU 約為 1.5×10^{11} 公尺。例如海王星約距離太陽約為 30AU，這樣我們就可以知道，海王星到太陽的距離，約為地球到太陽距離的 30 倍。

二、自然界中的小尺度

　　光年(LY)、天文單位(AU)是自然界中的大尺度長度單位。而自然界中的小尺度長度單位又是什麼呢？一般而言，我們以**奈米**(nm)作為小尺度長度單位，1 **奈米**(nm)$=10^{-9}$公尺。我們都知道，物質是由**原子**(atom)組成，最小的原子是氫原子，氫原子的直徑約為 10^{-10} 公尺，即 0.1 奈米。現在已有奈米技術可以直接觀察到原子，甚至可以移動原子。

1981 年，科學家發明了**穿隧掃描顯微鏡**（Scanning Tunneling Microscope，簡稱 **STM**），其鑑別率可達 0.02 奈米。圖 1-12 為 STM 所顯示石墨表面碳原子排列情形，其碳原子間距只有 0.2 奈米。

❋ 圖 1-12　STM 所顯示石墨表面碳原子排列情形

但 STM 只能用在可導電的晶體表面，在絕緣體表面則無法發揮功效。1986 年，科學家發明了**原子力顯微鏡**（Atomic Force Microscope，簡稱 **AFM**），可適用於任何物體表面。STM 與 AFM 為掃描探針顯微術中的兩種科技，不僅可以顯示原子圖像，也可用於驅動或操控原子。圖 1-13 為 1990 年美國 IBM 公司研究員於低溫下利用 STM 的探針，按照自己的意思將 35 個氙原子在鎳基板上排成 IBM 三個英文字母。

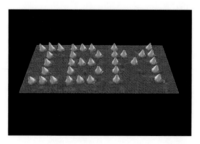

❋ 圖 1-13　利用 STM 的探針，將 35 個氙原子排成 IBM

STM 和 AFM 的發明開啟了奈米科技的研究大門，以往只能用理論或實驗推斷而不能實際觀察到的奈米結構，現在不僅可以清晰看到，而且還能更進一步做操控，進而帶動奈米科技產品的發展。

　　奈米技術可以直接觀察到原子，甚至可以移動原子。其實，自然界中所有物質都是由原子組成。那麼，原子是否為自然界中最小的粒子呢？答案是否定的，科學家研究發現原子是由帶正電的原子核和核外帶負電的**電子**(electron)所組成。原子核內有帶正電的**質子**(proton)和不帶電的**中子**(neutron)。原子核半徑約為 10^{-14} 公尺，質子和中子半徑約為 8.4×10^{-16} 公尺，電子半徑則不超過 10^{-22} 公尺。

　　我們都知道，同性電會相斥，異性電會相吸。然而，原子核內任兩個帶正電的質子之間，應該會互相排斥，為何能在穩定的存在原子核中呢？想必原子核內有更大的的吸引力，將**核子**（質子和中子的統稱）緊緊的結合在一起。這種存在於原子核內的作用力稱為**強力**(strong force)。強力是一種短程的作用力，當距離小於 10^{-15} 公尺時，作用力非常明顯；但當距離大於 10^{-15} 公尺時，作用力衰減非常快，甚至可以忽略。

 摘要

1-1　物理學發展簡史

1. 物理學所探討的是自然界的最基本層面，舉凡空間與時間的概念、物質間的交互作用、物質與能量的關係等，皆為物理學研究之範圍。

2. 西元 1900 年以前的物理學，通稱為**古典物理學**，西元 1900 年以後所發展物理學，稱為**近代物理學**。

3. 古典物理學分為**力學、熱學、光學**和**電磁學**等 4 個部門。

4. 近代物理學的內容是以**量子力學**和**相對論**為兩大門柱。

5. 托勒密提倡「**地心說**」，哥白尼提倡「**日心說**」。

6. 焦耳從實驗中驗證了熱是能量的一種形式。

7. 厄司特發現電流的磁效應，開始了**電磁學**的新階段。

8. 法拉第發現**電磁感應**現象，進一步證實了電與磁現象的統一性。

9. 馬克斯威用一套方程組概括電磁規律，建立了電磁場理論，預測了光的電磁性質。

10. 牛頓將光的本性解釋為**粒子**，成功解釋光的反射現象。

11. 惠更斯認為光是發光體內部的粒子振動所產生的波動，此觀點似乎更能解釋一些光的折射現象。

12. 普朗克提出了「**量子論**」，他認為粒子的能量決定於粒子的振盪頻率，從而成功解決了黑體輻射問題。

13. 乙太是否存在的問題，由愛因斯坦提出的「**相對論**」所闡明。

1-2　物理量的測量與單位

14. 一個完整的物理量之測量結果必須包括**數字**和**單位**兩個部分。

15. 物理量依據其是否具有方向性可分為**向量**和**純量**。

16. 物理量依據其是否可以直接測量出來而分為**基本量**和**導出量**。

17. 無法由其他物理量來定義的量稱為**基本量**，由基本量推導出來的物理量稱為**導出量**。

18. 力學有三個基本量：長度、質量、時間，另外加上溫度、光度、電流、物量共有七個基本量。

19. 七個基本量的國際單位系統（SI 制）

名稱	長度	質量	時間	溫度	光度	電流	物質量
單位	公尺(m)	公斤(kg)	秒(s)	克耳文(K)	燭光 (cd)	安培(A)	莫耳(mol)

20. 三個力學基本量單位的定義

單位	定義
1 公尺	(1)原始定義是「經過巴黎的子午線，由赤道到北極長度的一千萬分之一」。 (2)1960 年國際度量衡會議決定以「氪 86(^{86}Kr)原子在真空中 所發射橘紅色光波之波長的 1,650,763.73 倍」為 1 公尺。 (3)1983 年國際度量衡會議重新制定 1 公尺為「光於 299,792,458 分之 1 秒內，在真空中所行的距離」。
1 公斤	體積 1 公升的純水在 1 大氣壓下、溫度為 4℃ 時的質量。
1 秒	(1)原始定義是「一個平均太陽日的 86,400 分之 1」。 (2)1967 年國際度量衡會議決議制訂 1 秒為「銫－133(^{133}Cs)原子所發射特定波長電磁波振動週期的 9,192,631,770 倍」。

1-3 自然界的尺度

21. 光在真空中行走 1 年的距離為 1 光年(LY)。

22. 宇宙是由**星系團**（例如本星系群）組成，星系團由**星系**（例如銀河系）組成，星系由**恆星系**（例如太陽系）組成。

23. 地球到太陽的平均距離為 **1 天文單位**(AU)。

24. 1 奈米(nm)=10^{-9}公尺，氫原子的直徑約為10^{-10}公尺，即 0.1 奈米。

25. **穿隧掃描顯微鏡(STM)**和**原子力顯微鏡(AFM)**的發明開啟了奈米科技的研究大門。

26. 存在於原子核內的作用力稱為**強力**，它是一種短程的作用力，當距離小於10^{-15}公尺時，作用力非常明顯。

習題

一、選擇題

( ) 1. 哪一位科學家提倡「日心說」？　(A)牛頓　(B)哥白尼　(C)托勒密　(D)伽利略。

( ) 2. 哪一位科學家用一套方程組概括電磁規律，建立了電磁場理論，預測了光的電磁性質？　(A)法拉第　(B)厄斯特　(C)惠更斯　(D)馬克士威。

( ) 3. 下列何者屬於近代物理學？　(A)電磁學　(B)光學　(C)熱學　(D)量子力學。

( ) 4. 下列何者不屬於物理學所探討的範圍？　(A)空間與時間的概念　(B)物質間的交互作用　(C)物質與能量的關係　(D)社會變遷。

( ) 5. 凡是物理量必須同時包含　(A)長度和單位　(B)長度和質量　(C)數字和大小　(D)數字和單位。

( ) 6. 下列物理量，何者非為基本物理量？　(A)重量　(B)長度　(C)時間　(D)溫度。

( ) 7. 以下物理單位中，何者不是基本物理量的單位？　(A)公尺　(B)秒　(C)安培　(D)牛頓。

( ) 8. 下列何者為力學的三個基本量？　(A)長度、質量、時間　(B)長度、速度、加速度　(C)質量、力、加速度　(D)溫度、光度、電流。

( ) 9. 下列有關 SI 制基本物理量與單位的敘述，何者正確？　(A) 1 公尺的原始定義為地球赤道圓周長的一千萬分之一　(B) 1 公斤等於 1 公升純水在 1 大氣壓下、溫度為 0°C 時的質量　(C)

溫度 SI 制單位以攝氏溫度°C表示　(D)分子數單位以莫耳數表示。

（　）10. 科學上長度單位曾以　(A)氫　(B)氪　(C)鉑　(D)汞　所發光波的 1,650,763.73 倍為 1 米。

（　）11. 1 km 等於多少埃？　(A)10^3　(B)10^6　(C)10^{10}　(D)10^{13}。

（　）12. 我們常用的直尺的最小單位是 1 公釐 (mm)，相當於若干公尺 (m)？　(A)1×10^{-2}　(B)1×10^{-3}　(C)1×10^{-4}　(D)1×10^{-5}。

二、填充題

1. 西元 1900 年以前的物理學，通稱為_____物理學，而西元 1900 年以後所發展的物理學，稱為_____物理學。

2. 可以直接測量而不需其它物理量定義者，稱為_____量；需由基本量推導出來，稱為_____量。

3. 基本量的國際單位制是：長度以_____為單位；質量以_____為單位；時間以_____為單位；溫度以_____為單位；光度以_____為單位；電流以_____為單位；物質量以_____為單位。

三、計算題

1. 某光波波長為 450 奈米，此波長相當於多少公尺？

2. 某車在公路以 36 km/hr 的速率行駛，這樣的速度相當於多少 m/s？

3. 1 公尺的原始定義是「經過巴黎的子午線，由赤道到北極長度的一千萬分之一」，由此定義可推算：

   (1) 赤道到北極約為多少公尺？

   (2) 地球圓周長約為多少公尺？

   (3) 已知光速約為3×10^8公尺／秒，若光會轉彎，則光 1 秒約可繞地球幾圈？

Chapter 02

力與運動

學習目標

1. 能說出位移、路徑、速度、速率和加速度的定義。

2. 能說出等速度運動和等加速度運動的意義。

3. 能瞭解力是運動狀態改變的原因。

4. 能瞭解牛頓三大運動定律的意義及應用。

5. 能瞭解萬有引力定律與重力的性質。

6. 能說出摩擦力的種類並瞭解其意義

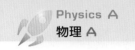
2-1　生活中常見的運動

　　人在公園散步，汽車在道路奔馳，魚兒在水中游泳，鳥兒在空中飛翔…等等，都是日常生活中常見的運動。然而，何謂運動？由上述的一些運動情形，我們可以發現物體運動時，其位置會隨時間而改變。在討論物體的運動時，若物體體積比與其活動空間小很多時，為了簡化問題，我們常將物體視為一個點，稱為**質點**(particle)。為了要說明物體的運動情形，我們使用**位置、位移、速度**和**加速度**等這些物理量來描述物體的運動情形。以下就分別說明這四個物理量：

一、位置($\bar{x}$)

　　汽車在筆直的道路行駛、火車在近乎直線的軌道中行駛，其運動可視為直線運動，在直線運動中常選用數學座標之 X 軸來標示物體的位置。如圖 2-1 所示，A 點位置為 -3，表示 A 點在原點左方（負的方向）3公尺處；B 點位置為 $+5$，表示 B 點在原點右方（正的方向）5公尺處。

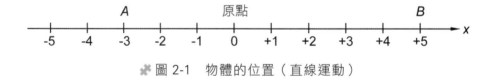

❈ 圖 2-1　物體的位置（直線運動）

二、位移($\Delta \bar{x}$)與路徑長(L)

　　物體運動時，位置會改變，我們稱物體有了位移。我們將「物體位置的移動量」稱為**位移**(displacement)。如圖 2-1 中物體若由 A 點（坐標為 -3）移動到 B 點（坐標為 $+5$），則此物體向右方（正的方向）移動了 8公尺的距離，我們發現位移可用物體座標改變量：$(+5)-(-3)=+8$（公尺）來表示，也就是用後來的位置減去原來的位置來算出位移。直線運動時，若物體由初位置 x_1 移動至末位置 x_2，則其位移為：

$$\Delta \bar{x} = x_2 - x_1 \qquad\qquad \text{直線運動之位移公式(2-1)}$$

式中希臘字母「Δ」（唸做 delta）係表示此符號後方之物理量的變化量，意指後來的數值減去原來的數值，並不是代表大數減去小數。位移是向量，因為物體移動是有方向性的。直線運動時，我們以正負號表示位移的方向。

　　位移亦可定義為「初位置劃向末位置的向量」，所以位移與物體移動的過程無關，只要起點和終點相同，其位移必相同。比如你從家裡到學校，不論你走哪一條路，其位移皆相同。又比如你跑操場一圈回到原出發點，此過程之位移為零。如圖 2-2 所示，若物體由原點先向東移動 3 公尺，再向北移動 4 公尺，則其位移之表示法為圖中之箭頭所示，箭頭之長度代表位移的大小，箭頭的方向代表位移的方向，此位移可描述為「物體向東偏北 53°的方向，移動 5 公尺的距離」，所以位移是向量，向量包括大小和方向。

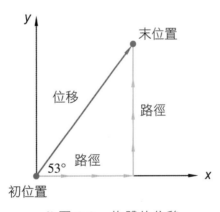

✿ 圖 2-2　物體的位移

　　另外，我們將「物體運動軌跡長度」稱為**路徑長** L (path length)，如圖 2-2，物體運動的路徑為 $4+3=7$ 公尺。路徑只是運動軌跡的長度而已，並沒有方向性，所以路徑長是純量。

例題 2-1

某人向北行走 12 公尺後，再向東行走 8 公尺，最後向南行走 18
公尺，則其(1)位移大小為何？(2)路徑為何？

解

(1) 如圖 2-3，直角 $\triangle ADE$ 中，$\overline{AE}$ 代表位移，位移大小 $= \sqrt{8^2+6^2} = 10$（公尺）

(2) 路徑 $= 12+8+18 = 38$（公尺）

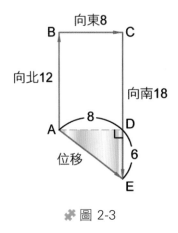

✱ 圖 2-3

練習 2-1

某人在半徑為 50 公尺的圓形跑道跑步跑了一圈，則其：(1)位移
大小為何？(2)路徑長為何？

三、速度($\bar{v}$)與速率(v)

物體運動時，位置會隨時間而改變，有時移動得快，有時移動得
慢，而且移動方向也不盡相同。為了瞭解物體運動的快慢和方向，我們
將「物體單位時間內的位移」稱為物體的速度(velocity)，所以速度是位
移除以時間。

　　直線運動中，如圖 2-4(a)，若以 t_1、t_2 代表初時間、末時間，以 Δt 代表經歷時間，以 x_1、x_2 代表初位置、末位置，以 $\Delta \bar{x}$ 代表位移，則物體運動的平均速度 $\bar{v}$ 可寫為：

$$\bar{v} = \frac{\Delta \bar{x}}{\Delta t} = \frac{x_2 - x_1}{t_2 - t_1} \qquad \text{平均速度公式(2-2)}$$

如果上式中的 Δt 極小（趨近於零），則所計算出的速度稱為**瞬時速度**。若物體任何時刻的瞬時速度皆相等，則稱其為**等速度運動**(constant velocity motion)。圖 2-4(a)之汽車若做等速度運動，則其位置(x)與時間(t)的關係圖（簡稱 x-t 圖）為斜直線，如圖 2-4(b)所示，此 x-t 圖之斜率就代表物體運動的速度。

註：斜率為一條直線的傾斜度，在平面座標中，假設直線上任意相異兩點座標為 $A(x_1, y_1)$、$B(x_2, y_2)$，則其斜率為 $\frac{y_2 - y_1}{x_2 - x_1}$。

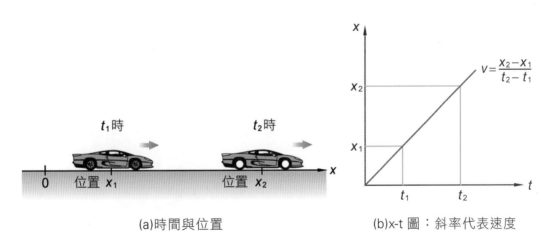

(a)時間與位置　　　　　　　　　(b)x-t 圖：斜率代表速度

❖ 圖 2-4　物體運動的速度

　　如果我們只想瞭解物體運動的快慢，而不管物體運動的方向，那就使用速率這個物理量，我們將「物體單位時間內運動的路徑長」稱為物體的**速率**(speed)，所以速率是路徑除以時間。假設物體在 Δt 的時間之內，所行的路徑長為 L，則其平均速率可寫為：

$$v = \frac{L}{\Delta t}$$

平均速率公式(2-3)

如果上式中的 Δt 極小（趨近於零），則所計算出的速率為 **瞬時速率**。若物體任何時刻的瞬時速率皆相等，則稱其為等速率運動。

因為長度的單位是公尺(m)或公里(km)，而時間的單位是秒(s)或小時(hr)，所以速度和速率的單位為公尺／秒(m/s)或公里／小時(km/hr)。又因為位移是向量，所以速度也是向量，而且速度的方向必與位移的方向相同；因為路徑是純量，所以速率也是純量。

 例題 2-2

某人搭台灣高鐵列車，列車早上 9：00 從台北站出發，10：36 即抵達左營站。已知高鐵全程 344 公里，台北站與左營站之直線距離為 280 公里，則此列車：

(1) 平均速率為多少 km/hr？

(2) 平均速度大小為多少 km/hr？

解

(1) 此列車行駛時間為 1 小時 36 分，相當於 $1\frac{36}{60} = 1.6$ 小時，

　　 平均速率 $= \dfrac{總路徑長}{總時間} = \dfrac{344}{1.6} = 215(\text{km/ hr})$

(2) 平均速度 $= \dfrac{總位移}{總時間} = \dfrac{280}{1.6} = 175(\text{km/ hr})$

　　某選手參加 3000 公尺賽跑，在 300 公尺的操場跑道跑了 10 圈，歷時 10 分鐘，則：

(1) 平均速率為多少 m/s？

(2) 平均速度大小為多少 m/s？

四、加速度 $(\vec{a})$

　　車子行駛時，如果踩油門加速，則車子的速度變快，我們稱車子有了加速度，然而要如何定義加速度的大小呢？我們必須取相同的時間，查看車子的速度增加了多少，才能知道車子加速度的大小。如此，我們定義「物體在單位時間內，速度的變化量」為物體的 **加速度**(acceleration)。如圖 2-5(a)，設物體在時間 t_1 時，其瞬時速度為 $\vec{v_1}$，在稍後時間 t_2 時，其瞬時速度為 $\vec{v_2}$，則其平均加速度 $\vec{a}$ 可寫為：

$$\vec{a} = \frac{\Delta \vec{v}}{\Delta t} = \frac{\vec{v_2} - \vec{v_1}}{t_2 - t_1} \qquad \text{平均加速度公式(2-4)}$$

　　如果上式中的 Δt 極小（趨近於零），則所計算出的加速度稱為 **瞬時加速度**。若物體任何時刻的瞬時加速度皆相等，則稱其為 **等加速度運動**(constant accelerated motion)。圖 2-5(a)之汽車若做等加速度運動，則其速度 (v) 與時間 (t) 的關係圖（簡稱 $v\text{-}t$ 圖）為斜直線，如圖 2-5(b)所示，此 $v\text{-}t$ 圖之斜率就代表物體運動的加速度。

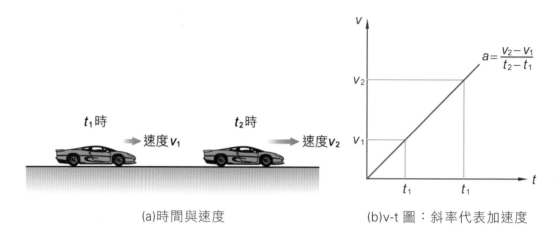

(a)時間與速度　　　　　　　　(b)v-t 圖：斜率代表加速度

✱ 圖 2-5　物體運動的加速度

因為速度的單位是公尺／秒(m/s)，時間的單位是秒(s)，所以加速度的單位為公尺／秒² (m/s²)。因為速度是向量，而速度的變化量也是向量，所以加速度也是向量，而且加速度的方向與速度變化量的方向相同。

例題 2-3

火車由靜止出發，作加速度運動，在 10 秒後達 90 公里／小時之速率，則火車的平均加速度為何？

解

$$90 \text{ 公里 / 小時} = \frac{90公里}{1小時} = \frac{90000公尺}{3600秒} = 25 \text{ 公尺 / 秒}$$

$$a = \frac{\Delta v}{\Delta t} = \frac{25-0}{10} = 2.5 = 2.5 \text{ 公尺 / 秒}^2$$

練習 2-3

一物體作等加速度運動，在 10 秒內其速度自 10m/s 變為 2m/s，則此其間物體運動之平均加速度為何？

其實，自由落體運動是一種最常見的等加速度運動。所謂自由落體是指在地球表面有限的高度內，只受到地心引力的作用，由靜止沿鉛直線落下的物體。圖 2-6 為現代實驗室裡，羽毛和蘋果在真空中同時下落的攝影圖，結果兩者同時著地。因此，若不考慮空氣阻力及空氣浮力的影響，任何物體在地表附近自由落下，其加速度皆相同。此加速度因重力所引起，稱之為重力加速度（acceleration of gravity），通常以 g 表示，在地表附近 $g = 9.8$ 公尺／秒^2 $= 980$ 公分／秒^2。自由落體的 v-t 圖如圖 2-7 所示。

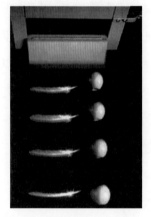

✿ 圖 2-6　自由落體運動為等加速度運動

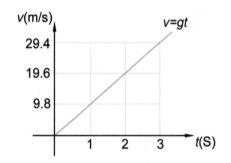

✿ 圖 2-7　自由落體之 v-t 圖

2-2　力的作用

「力」是看不到的，但是力造成的結果是可以看得到的。我們如果對一彈簧施力，會造成彈簧伸長或壓縮等形狀改變，如圖 2-8(a)。若是對一皮球施力，會造成皮球的運動狀態（即速度）改變，如圖 2-8(b)。所以我們定義「能使物體產生形狀改變或運動狀態改變的作用」為力(force)。

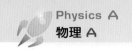
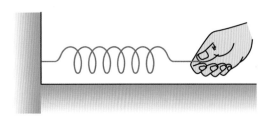

(a)力造成形狀改變　　　　　　　　(b)力造成運動狀態改變

✖ 圖 2-8　力的效應

　　我們發現有些力需要與物體接觸才能夠產生效應，比如要推動桌子，必須要接觸到桌子。而有些力是不需要與物體接觸就能夠產生效應，比如地球不需接觸物體就能使物體受地心引力的作用。所以我們將力分為「接觸力」和「超距力」兩大類。需要接觸才能產生效應的力稱為**接觸力**(contact force)，例如彈力、摩擦力、浮力等都是接觸力。不需接觸即能產生效應的力稱為非接觸力或**超距力**(action-at-a-distance force)，例如萬有引力、靜電力和磁力等都是超距力，如圖 2-9。

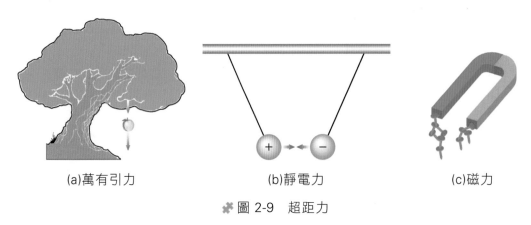

(a)萬有引力　　　　　　　(b)靜電力　　　　　　　(c)磁力

✖ 圖 2-9　超距力

　　因為力是向量，所以我們要描述一個力時，必須說出這個力的大小和方向。另外，因為大小相同、方向也相同的兩個力，作用在不同的地方會有不同的效果，所以描述一個力時，還要說出這個力作用在什麼地方，這樣才完整。因此，力有三個要素：力的大小、力的方向、力的作用點。

　　因為力能使物體產生形狀改變或運動狀態改變，所以我們可以由物體的形狀改變或運動狀態改變來測量力。我們先介紹由物體的形狀改變來測量力的大小，日常生活中，我們常用彈簧來測量力的大小，根據實驗發現：如果彈簧一端固定，一端以手拉之，則彈簧會伸長，並且用力愈大，彈簧愈伸長。然而彈簧受力與伸長量有何關係呢？我們進一步做以下實驗：我們將彈簧一端掛在牆壁上，另一端懸掛砝碼，如圖 2-10(a)所示。此彈簧掛 10 公克砝碼時，彈簧伸長 1 公分；掛 20 公克砝碼時，彈簧伸長 2 公分；掛 30 公克砝碼時，彈簧伸長 3 公分…。若將外力與形變量畫在座標圖上，將得到如圖 2-10(b)，由此我們發現：在外力未超過 40gw 時，彈簧伸長量與砝碼重量（外力）成正比。「在彈性限度內，彈簧形變量 x 與所施外力 F 成正比」，這個關係最早由英國科學家虎克(Robert Hooke, 1635~1703)提出，稱為虎克定律，數學式可寫成：

$$F = kx \qquad\qquad 虎克定律公式(2\text{-}5)$$

　　式中 k 為彈力常數(elastic constant)，每個彈簧有自己的彈力常數，愈緊不易拉動的彈簧，其彈力常數愈大。

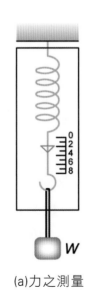

(a)力之測量　　　　　　　(b)彈簧形變量和外力的關係圖

❋ 圖 2-10　虎克定律

例題 2-4

有一彈簧懸掛 30 公克重的物體，其長度為 24 公分，若懸掛 50 公克重的物體，其長度為 28 公分，求彈簧未懸掛物體時之長度為何？

解

設彈簧原長為 L_0，則由 $F = kx$ 知：

$30 = k(24 - L_0)$ .... ①

$50 = k(28 - L_0)$ .... ②

$\dfrac{①}{②}$ $\dfrac{30}{50} = \dfrac{24 - L_0}{28 - L_0} \Rightarrow L_0 = 18$

故原長為 18 公分。

練習 2-4

原長 20 公分的彈簧，用 10 牛頓的力可拉長到 30 公分，若欲拉到 35 公分，則必須用力多少牛頓？

2-3　牛頓三大運動定律

如前所述之力的定義：能使物體產生形狀改變或運動狀態改變的作用稱為力。我們可以根據虎克定律，利用彈簧形狀改變量來測量力的大小，那麼是否也可以利用運動狀態（速度）的改變量來測量力的大小呢？答案是可以的，牛頓根據實驗之觀察，發現力是物體運動狀態改變的來源，進而提出牛頓三大運動定律：

一、牛頓第一運動定律（慣性定律）

　　牛頓發現物體若不受力的作用時，則其運動狀態（速度）並不會改變。如在太空中靜置一棒球，此球會保持靜止，若在太空中丟出一棒球，此球將會維持等速度運動，即維持原來的運動狀態，直到再次受力才會改變速度。「物體若不受外力，則靜者恆靜，動者恆沿一直線作等速度運動」稱為牛頓第一運動定律，又稱為**慣性定律**，所謂「慣性(inertia)」即是「維持原來運動狀態的特性」。

　　但是在日常生活的經驗中，我們卻看到在地上滾動的皮球終將會靜止，那是因為皮球受到與地面的摩擦力，此摩擦力必與皮球運動方向相反，使得皮球速率減慢，終將停止。如果地面是完全光滑沒有摩擦力，而且也沒有空氣阻力，則皮球將保持等速度直線運動，就像在太空中投出的棒球會保持等速度直線運動一樣。

　　如圖 2-11，當我們在搭車時，車子突然加速，人將後仰，那是因為腳被車子帶向前方，身體因慣性而仍暫時留在原處，如此身體就後仰了。同理，車子緊急煞車時，腳隨車子停下來，身體卻因慣性而繼續前進，所以煞車時身體就前傾了。

突然加速　　　　　　　　　　　　緊急煞車

✻ 圖 2-11　慣性定律

二、牛頓第二運動定律

前述物體不受力時，物體會保持等速度。反之，物體若受力作用時，將會產生速度（運動狀態）的改變，亦即產生了加速度。例如靜止的物體若受向東的固定推力，物體便會向東方產生固定的加速度，直到此力消失為止。若用不同力量推相同質量的物體，則力量愈大者產生的加速度愈大；若用相同的力推不同質量的物體，則質量愈小者產生的加速度愈大。牛頓根據實驗發現：「物體受外力之合力不為零時，物體會沿合力方向產生加速度，此加速度和外力成正比，和質量成反比」，此稱為牛頓第二運動定律。

在 SI 制中，我們規定「使質量 1 公斤(kg)的物體，產生 1 公尺／秒^2(m/s^2)的加速度所需的力」為 1 牛頓(newton)。即：

$$1 \text{ 牛頓(N)} = 1 \text{ 公斤(kg)} \times 1 \text{ 公尺／}(m/s^2)$$

假設我們以 F 代表**外力**（單位：牛頓、N）；m 代表**質量**（單位：公斤、kg）；a 代表**加速度**（單位：公尺／秒^2、m/s^2），則牛頓第二運動定律可用下式來表示：

$$\vec{F} = m\vec{a}$$ **牛頓第二運動定律公式(2-6)**

例如：要讓 2 公斤的物體產生 3 公尺／秒^{2}的加速度，需要的力為「使質量 1 公斤(kg)的物體，產生 1 公尺／秒^2(m/s^2)的加速度」（即 1 牛頓）所需的力的 2 倍再 3 倍，所以需要 $F = ma = 2 \times 3 = 6$ 牛頓的力。

例題 2-5

某力作用於 4 公斤物體上，使其以 5m/s^2 的加速度運動，今以相同之力作用於 10 公斤物體上，則其加速度為何？

解

$$F = m_1 a_1 = 4 \times 5 = 20$$

$$a_2 = \frac{F}{m_2} = \frac{20}{10} = 2 (\text{m/s}^2)$$

練習 2-5

以 6 牛頓的水平力，先後去拉光滑桌面上質量為 m_1 及 m_2 公斤之物體，分別產生 8 m/s^2 與 24 m/s^2 之加速度，今將兩物體綁在一起，再以同樣的力去拉，則加速度為何？

三、牛頓第三運動定律（反作用力定律）

如果我們不小心撞到牆壁，一定會覺得很痛，但是牆壁並沒有主動對我們施力，我們又為什麼會痛呢？其實那是因為我們撞到牆壁，對牆壁施力的同時，牆壁給我們一個反作用力的緣故。牛頓提出「當甲（人）對乙（牆壁）施一作用力，則乙（牆壁）必同時對甲（人）施一反作用力，此兩力大小相等、方向相反」，此稱為**牛頓第三運動定律**。

雖然作用力和反作用力大小相等、方向相反，且作用在同一直線上，但是因為兩者作用在不同的物體，所以作用力和反作用力不能抵消。例如作用力作用在牆壁，反作用力作用在人，兩者不能抵消。另外，作用力和反作用力同時產生、同時消失，例如作用在牆壁的力量消失時，作用在人的反作用力同時也跟著消失。

事實上，任何力量都是成對出現的：如圖 2-12(a)，人推牆壁往後，同時牆壁推人往前；如圖 2-12(b)，走路時人將地面往後踩，同時地面將人往前推，人才得以前進；如圖 2-12(c)，射擊時槍身把子彈往前推，同時子彈必將槍身往後推；如圖 2-12(d)，火箭升空時，火箭將氣體往下噴，同時氣體將火箭往上推，火箭才得以升空。

🌟 圖 2-12　作用力與反作用力

　　另外，因為作用力和反作用力大小相等，所以質量小的物體會獲得較大的加速度，例如射擊時子彈質量很小，獲得的加速度很大，槍身質量比子彈質量大很多，所以獲得的加速度之比子彈小很多。

例題 2-6

　　男孩與女孩質量分別為 M、m，同時立於無摩擦的地面上互推，結果男孩與女孩後退加速度之比為何？

解

　　因兩人互推屬於作用力和反作用力，大小相等。由 $F = ma$ 知 F 相等時，m 和 a 成反比，所以兩人後退加速度比為 $m:M$。

練習 2-6

　　男女溜冰者質量分別為 60kg 和 40kg，若兩人以定力互推，則：
(1)兩人受力大小之比為何？(2)兩人後退加速度之比為何？

2-4　萬有引力定律與重力

　　由日常生活的經驗中我們發現，物體在空中被釋放後，物體必向下加速。根據牛頓第二運動定律可知，地表物體必受一向下之作用力，此力稱為地心引力或重力。牛頓認為蘋果會往下掉與星球做圓周運動所需的力都是萬有引力，他認為「任何兩物都有互相吸引的力量，此力的大小與質量乘積成正比，與距離平方成反比」，此即**萬有引力定律**(law of universal gravitational attraction)。如圖 2-13，假設兩物體的質量分別是 M、m，兩物體的距離為 r，則兩物體間的萬有引力 F 可用下列數學式來表示：

$$F = \frac{GMm}{r^2}$$
　　　　　　　　　　　　　　　萬有引力公式(2-7)

式中 G 稱為萬有引力常數(gravitational constant)，若採用公制單位時，$G = 6.67 \times 10^{-11} \ N \cdot m^2/kg^2$。因萬有引力常數之值極小，所以除非是與極大物質（如星球）間的引力，否則萬有引力將因太小而不被察覺。

　　由於地球的質量極大，所以靠近地球的物體都會明顯受到地球引力。地球吸引物體的萬有引力稱為**地心引力**或**重力**，而物體所受重力的大小即為物體的重量。

　　因為地球體積很大，我們在計算與星球之間的引力時，可將星球質量視為集中在地心，這是把星球視為正圓球體而導出的，也就是計算萬有引力時，公式中 r 代入物體與地心的距離。

❈圖 2-13　萬有引力

例題 2-7

地球的質量為 5.98×10^{24} 公斤，地球半徑為 6.38×10^6 公尺，則地表 1 公斤的物體所受的地心引力為多少牛頓？

解

$$F = \frac{GMm}{r^2} = \frac{6.67 \times 10^{-11} \times \left(5.98 \times 10^{24}\right) \times 1}{\left(6.38 \times 10^6\right)^2} = 9.8 \text{（牛頓）}$$

練習 2-7

兩位同學質量分別為 60 公斤和 50 公斤，試求這兩位同學相距 1 公尺時，彼此之間的萬有引力為多少牛頓？

一般我們所說的 1 公斤重(kgw)為「質量 1 公斤(kg)的物體在地表所受的引力」，例題 2-7 中我們由萬有引力的公式計算出每 1 公斤(kg)質量的物體在地球表面所受引力（重量）為 9.8 牛頓(N)，所以：

1 公斤重(kgw)＝9.8 牛頓(N)

也因此，地表的重力加速度 $g = 9.8 \text{m/s}^2 = 980 \text{cm/s}^2$。

第一章我們曾提到物體的**質量**是「物體所含物質的多寡」，所以質量是物體內在的性質，不會因地而異，但是**重量**是指「物體在該處所受引力的大小」，所以重量會因地而異。例如某人質量 60 公斤，則此人不論在何處質量皆為 60 公斤，但是他的重量就要看他在什麼地方了。例如他在地球表面時，重量為 60 公斤重，他若在無引力的太空中，重量為 0 公斤重，他若在引力為地球 $\frac{1}{6}$ 倍的月球上，重量就變成 10 公斤重了。如圖 2-14 所示，物體與地心距離愈大，物體的重量就愈小，而且重量與物體

到地心距離的平方成反比，但是無論物體與地心距離為何，其質量皆不改變。

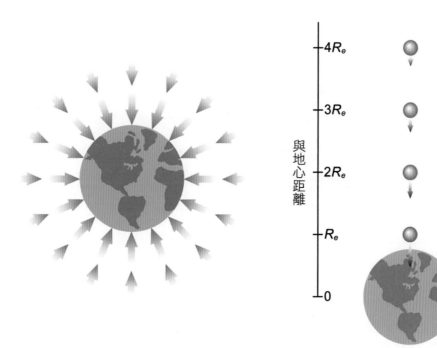

	重量	質量
4R_e	$\dfrac{W}{16}$	m
3R_e	$\dfrac{W}{9}$	m
2R_e	$\dfrac{W}{4}$	m
R_e	W	m

與地心距離

(a)地球在周圍建立引力場　　　　(b)與地心距離愈大，重量愈小

❖ 圖 2-14　地球的引力

 例題 2-8

設地球半徑為 R，在地面上重量為 W 的物體，當其移至離地面高度為 R 時，物體重量變為何？

解

離地表 R 時，離地心為 $R+R=2R$。物體重量即物體受地球的萬有引力，而萬有引力與距離平方成反比，因此距離變為 2 倍，萬有引力變為 $\dfrac{1}{4}$ 倍，重量變為 $\dfrac{1}{4}W$。

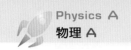

練習 2-8

　　設地球半徑為 R，在地面上重量為 72 公斤重的人，當其離地面高度為 $2R$ 時，重量變為何？

2-5　摩擦力

　　如前所述，草地上滾動的皮球最終會靜止，那是因為皮球與草地間有摩擦力的緣故。摩擦力的產生是由於接觸面凹凸不平，加上物體重量壓在接觸面間，所造成的阻止物體運動的力。「物體與物體接觸面之間有一種阻止物體運動的作用力」稱為摩擦力(friction)。

　　為了要瞭解摩擦力，我們做了如下的實驗。如圖 2-15 所示，我們在桌面上靜置一木塊，以手水平拉彈簧秤再拉木塊，實驗過程中逐漸加大拉力，並觀察記錄彈簧秤的讀數與木塊運動的情形。

　　結果發現：

1. 彈簧秤讀數（外力）未超過 50 克重前，木塊保持靜止。

2. 彈簧秤讀數（外力）超過 50 克重後，木塊開始移動。

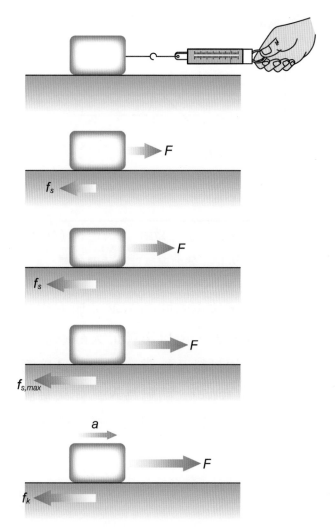

✿ 圖 2-15　摩擦力測定實驗

在此，我們將物體尚未移動的摩擦力稱為**靜摩擦力**(static friction)，簡記為 f_s。因物體受外力作用卻保持靜止，代表靜摩擦力必與水平外力大小相等，方向相反。又當物體開始運動的瞬間，此時之靜摩擦力達最大值，稱為**最大靜摩擦力**(maximun static friction)，簡記為 $f_{s,\,max}$。假如外力大於最大靜摩擦力時，物體就會運動，此時的摩擦力稱為**動摩擦力**(kinetic friction)，簡記為 f_k。由實驗測得動摩擦力為定值，且比最大靜摩擦力略小。若將外力與摩擦力的關係畫成座標圖，則如圖 2-16 所示。

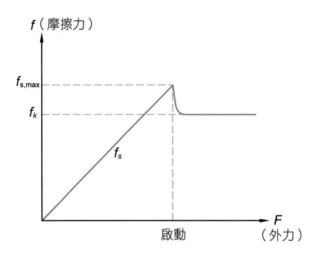

❋ 圖 2-16　外力與摩擦力的關係圖

　　因為摩擦力是由於物體接觸面凹凸不平，加上物體重量壓在接觸面間所造成的阻止物體運動的力，所以影響最大靜摩擦力或動摩擦力的因素有兩個，一個是接觸面的材料及性質，另一個是接觸面間的垂直作用力，又稱為正向力(normal force)，簡記為 N。如果接觸面為水平平面，則正向力就等於物體的重量，經實驗測知「最大靜摩擦力與正向力成正比」，以數學式表示為：

$$f_{s,\,max} = \mu_s N$$
　　　　　　　　　　　　　　　　　　　　　　　最大靜摩擦力公式(2-8)

式中 μ_s 稱為靜摩擦係數，決定於接觸面的材料和性質。另外，經實驗亦可測知「動摩擦力與正向力成正比」，以數學式表示為：

$$f_k = \mu_k N$$
　　　　　　　　　　　　　　　　　　　　　　　　動摩擦力公式(2-9)

式中 μ_k 稱為動摩擦係數，對相同接觸面而言，因動摩擦力比最大靜摩擦力小，所以動摩擦係數小於靜摩擦係數。

例題 2-9

一重量為 10 牛頓的物體放在水平地面上，物體與地面之靜摩擦係數 $\mu_s = 0.4$、動摩擦係數 $\mu_k = 0.3$，若在水平方向分別施以：(1)3 牛頓、(2)4 牛頓、(3)5 牛頓 的力，則摩擦力為何？

解

最大靜摩擦力：

$$f_{s,\max} = \mu_s N = 0.4 \times 10 = 4$$

動摩擦力：

$$f_k = \mu_k N = 0.3 \times 10 = 3$$

(1) 施力 3 牛頓小於最大靜摩擦力，此時物體靜止，摩擦力與外力大小相等，所以摩擦力為 3 牛頓。

(2) 施力 4 牛頓恰好等於最大靜摩擦力，此時物體仍靜止，摩擦力為 4 牛頓。

(3) 施力 5 牛頓大於最大靜摩擦力，此時物體會運動，摩擦力為動摩擦力 3 牛頓。

練習 2-9

某物體質量 10 公斤，靜置於水平的地面上，若物體與地面的靜摩擦係數為 0.5，動摩擦係數為 0.4，則欲推動物體，至少需在水平方向需施力多少牛頓？

摩擦力在我們日常生活中隨處可見，它有正反兩面的效果。反面效果是摩擦力會阻礙我們推動物體、妨礙機器的運轉，造成能量的損失和設備的磨損，並發出令人不舒服的噪音。正面效果例如小提琴是利用弓和弦的摩擦，以發出悅耳的音樂；古人鑽木取火，是利用摩擦生熱的現象；人的行走、汽車的啟動和煞車，也是利用鞋底或輪子與地面的摩擦

力。如果沒有摩擦力，我們就不能拿筷子夾東西或拿筆寫字，打結的繩子稍用力就鬆開，一陣風吹過來，屋內的家具就東倒西歪。

我們常在腳踏車、汽車、車床等許多機械設備的輪軸和軸承之間，添加潤滑油或鋼珠，這是為了減少機械運轉時的摩擦力。在日常生活中，我們利用鞋面與地面的摩擦力來走路；利用輪胎與地面的摩擦力來行車；利用皮帶與機器的摩擦力使機器運轉，若無摩擦力，則必定打滑或空轉。因此球鞋鞋底或是輪胎表面會有凹凸不平的花紋，以及機械皮帶會做成楔形，這都是為了增加摩擦力，以方便行走、控制車子的方向和控制機械的運轉。如圖 2-17 之輪胎花紋，不僅可以增加抓地力，還可以方便排水，避免雨天時輪胎行駛於地面上的一層水膜上，而且也可以減少行駛時的噪音。

※圖 2-17　輪胎的花紋可增加摩擦力

2-6　物質間的基本交互作用力

前面提到超距力有重力、靜電力和磁力，是屬於物質之間不需接觸即能作用的力。科學家進一步研究發現，自然界中物質間的作用力，除了重力和電磁力外，還有可將原子核內的質子或中子結合在一起的**強力**(strong force)，以及出現在原子核反應中的**弱力**(weak force)。

一、強力

我們都知道，原子核內有帶正電的質子和不帶電的中子。若原子核內有 2 個以上的質子，則因質子都是帶正電，彼此會互相排斥，怎麼還能一起存在於原子核內呢？

日本物理學家湯川秀樹(Hideki Yukawa, 1907~1981)在 1935 年提出**強交互作用**(strong interaction)的假設，他主張在質子與質子間、質子與中子間、中子與中子間有一種新型的力，和任何之前已知的力全然不同，這種力是很強的吸引力，甚至強過庫侖電力，因此稱為**強力**(strong force)；它足以將質子與質子束縛在一起，形成原子核（圖 2-18）。湯川秀樹的假設後來獲得實驗證實。

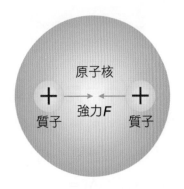

✱ 圖 2-18 　質子之間有強力作用

強力是一種短程的作用力，當距離小於10^{-15}公尺時，強作用力非常明顯，當距離大於10^{-15}公尺時，作用力極小可忽略。所以在日常生活中，我們無法察覺到強力的作用。

二、弱力

物理學家在十九世紀末發現有些原子核會發射出帶負電的β射線，然後轉變成另一種原子核，此稱為β衰變。而原子核經β衰變後，中子減少 1 個、質子增加 1 個。

後來人們發現β射線其實就是電子，並且弄清楚了這種現象之所以發生的根本原因是在特別的條件下，原核內的中子可衰變成質子、電子與**反微中子**（一種極輕的新型粒子）。另外，科學家也發現單獨存在的自由中子，也會有以下的β衰變：

中子→質子＋電子＋反微中子

自由中子的壽命是有限的，其平均壽命(mean lifetime)約為 887 秒。物理學家發現這種衰變過程不能用已知的強力、電磁力、重力去解釋，所以便設想出一種全新的交互作用來說明β衰變。此種作用稱為**弱交互作用**(weak interaction)或**弱力**(weak force)。

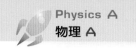

 摘要

2-1 生活中常見的運動

1. 「物體相對於參考點（原點）的空間關係」稱為**位置**。

2. 「位置的移動量」稱為**位移**。

3. 位移公式：$\Delta \vec{x} = x_2 - x_1$。

4. 「運動軌跡長度」稱為**路徑長** L。

5. 「單位時間內的位移」稱為速度。

6. **平均速度公式：** $\vec{v} = \dfrac{\Delta \vec{x}}{\Delta t} = \dfrac{x_2 - x_1}{t_2 - t_1}$。

7. 「單位時間內運動的路徑長」稱為速率。

8. **平均速率公式：** $v = \dfrac{L}{\Delta t}$。

9. 「單位時間內速度的變化量」稱為**加速度**。

10. **平均加速度公式：** $\vec{a} = \dfrac{\Delta \vec{v}}{\Delta t} = \dfrac{\vec{v_2} - \vec{v_1}}{t_2 - t_1}$。

11. **靜止**的 $x\text{-}t$ 圖、$v\text{-}t$ 圖、$a\text{-}t$ 圖：

12. **等速度**運動的 x-t 圖、v-t 圖、a-t 圖：

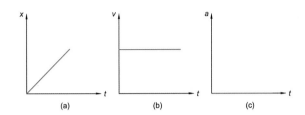

13. **等加速度**運動的 x-t 圖、v-t 圖、a-t 圖：

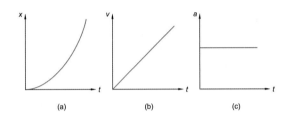

2-2　力的作用

14. 「能使物體產生**形狀**改變或**運動狀態**改變的作用」稱為力。

15. 需要接觸才能產生效應的力稱為**接觸力**，不需接觸即能產生效應的力稱為**非接觸力**或**超距力**。

16. 力有三個要素：力的**大小**、力的**方向**、力的**作用點**。

17. 虎克定律：$F = kx$。

2-3　牛頓三大運動定律

18. 牛頓第一運動定律：物體若不受外力，則靜者恆靜，動者恆沿一直線作等速度運動。

19. 牛頓第二運動定律：$\vec{F} = m\vec{a}$

20. 牛頓第三運動定律：當甲對乙施一作用力，則乙必同時對甲施一反作用力，此兩力大小相等、方向相反。

2-4　萬有引力定律與重力

21. 萬有引力公式：$F = \dfrac{GMm}{r^2}$。

22. 1 公斤重（kgw）＝9.8 牛頓（N）

2-5　摩擦力

23. 靜摩擦力必與水平外力大小相等，方向相反。

24. 最大摩擦力與正向力成正比：$f_{s,\max} = \mu_s N$。

25. 動摩擦力與正向力成正比：$f_k = \mu_k N$。

2-6　物質間的基本交互作用力

26. 自然界中物質間的作用力有 4 種，分別是重力、電磁力、強力和弱力。

27. β 衰變：中子→質子＋電子＋反微中子。

28. 造成 β 衰變的作用稱為**弱交互作用**(weak interaction)或**弱力**(weak force)。

習題

一、選擇題

( ) 1. 記錄物體之直線運動情形：$t_1 = 2s$，$x_1 = 3m$；$t_2 = 5s$，$x_2 = 9m$，則其平均速度$\bar{v} =$　(A) 15m/s　(B) 18m/s　(C) 2m/s　(D) 2.3m/s。

( ) 2. 某人由原點出發，先向東行 20 公尺，再向北行 8 公尺，再往西行 14 公尺，其歷時 20 秒，則此人之平均速度大小為　(A) 0.5　(B) 2.1　(C) 0.4　(D) 1.2　m/s。

( ) 3. 承上題，其平均速率為　(A)0.5　(B)2.1　(C)0.4　(D)1.2 m/s。

( ) 4. 江輪順水之速率為 30km/hr，逆水之速率為 20km/hr，則來回一趟之平均速率為若干 km/hr？（中間不停留）　(A) 25　(B) 24　(C) 26　(D) 23。

( ) 5. 一物體之加速度為零，則此物體　(A)必定靜止　(B)必做等速度直線運動　(C)必做等速率圓周運動　(D)可能靜止或做等速度運動。

( ) 6. 有一條彈簧，懸掛 2 公斤重的物體時，其形變量為 2 公分，則該彈簧的力常數為　(A)0.5　(B)1　(C)1.5　(D)2　公斤重／公分。

( ) 7. 一彈簧原長 10 公分，在月球上掛某物體時，其長度為 15 公分，若將此裝置移到地球上，此時彈簧長度為若干公分？（假設彈簧伸長仍在彈性限度內）　(A)40　(B)35　(C)25　(D)15。

( ) 8. 物體不受外力作用，則維持其運動狀態不變，此謂之為物體的　(A)慣性　(B)反作用力　(C)彈性　(D)衡量。

(　) 9. 車輪帶泥，輪轉動則泥巴往外飛其原理是　(A)離心力之作用　(B)重力速度之作用　(C)向心力作用　(D)慣性作用。

(　) 10. 某力作用於 4 公斤物體上，使其以 $5\,m/s^2$ 的加速度運動，今以相同力作用於 5 公斤物體上，則其加速度為　(A)2　(B)4　(C)5　(D)10　m/s^2。

(　) 11. 雞蛋碰石頭，則何者受力較大？　(A)雞蛋　(B)石頭　(C)一樣　(D)以上皆非。

(　) 12. 甲、乙、丙三物體質量分別為 100 公斤、50 公斤、25 公斤，甲距乙 4 公尺，甲距丙 2 公尺，乙距丙 1 公尺，就互相間之萬有引力比較，下列何者正確？　(A)甲乙間萬有引力最大　(B)乙丙間萬有引力最大　(C)甲丙間萬有引力最小　(D)乙丙間萬有引力最小。

(　) 13. 設地球半徑為 R，則在地面上重量為的物體，當其離地面高度為 $2R$ 時，其重量變為　(A)$\dfrac{1}{9}w$　(B)$\dfrac{1}{4}w$　(C)$\dfrac{1}{3}w$　(D)$\dfrac{1}{2}w$。

(　) 14. 質量 10 公斤的木塊置於水平桌面上，若其與桌面間之靜摩擦係數為 0.2，則欲使此木塊移動，至少需用力若干牛頓？　(A)2　(B)9.8　(C)10　(D)19.6　牛頓。

(　) 15. 下列有關摩擦力的敘述，何者正確？　(A)靜摩擦力為定值　(B)當物體擺在極粗糙的水平面時，物體必受靜摩擦力的作用　(C)動摩擦力為定值　(D)動摩擦力的大小與物體的運動速率有關。

二、填充題

1. 需要接觸才能產生的力稱為_____力，不需接觸即能產生的力稱為_____力。

2. 力的三個要素是力的_____、力的_____、力的_____。

3. 使質量 1 公斤的物體，產生 1 公尺／秒^2 的加速度所需的力定為_____。

4. 作用力和反作用力大小_____、方向_____，且作用在_____上。

5. 自然界中物質間的作用力有 4 種，分別是_____力、_____力、_____力和_____力。

三、計算題

1. 一物體作等加速度運動，在 10 秒內，其速度由 18km/hr 增為 90km/hr，其平均加速度為多少 m／s^2？

2. 重量為 9.8 牛頓之物體，若受 19.6 牛頓的力作用時，則物體的加速度為多少公尺／秒^2？

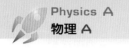

Chapter
03
電與磁

學習目標

1. 能瞭解靜電現象
2. 能分辨直流電和交流電流的不同。
3. 能瞭解電流的熱效應並說出電功率的意義。.
4. 能說出電流所產生的磁場方向。
5. 能說出冷次定律與法拉第電磁感應定律。
6. 能瞭解家庭用電方式及用電安全。
7. 能說出電磁波如何形成與如何傳播。

3-1 電的認識

如果我們用一根塑膠尺與身上的毛衣摩擦，再將塑膠尺靠近紙屑或頭髮，會發現紙屑或頭髮會被塑膠尺所吸引，這是什麼原因呢？我們說這是一種**靜電現象**，塑膠尺因為摩擦之後而帶靜電，所以可以吸引紙屑。

為何塑膠尺與毛皮摩擦後會帶電呢？這就要先從**原子結構**（圖 3-1）談起，我們知道一切物質由**原子**組成，而原子是由帶正電的**原子核**和核外帶負電的**電子**所組成，原子核內則有帶正電的**質子**和不帶電的**中子**。因為所有的原子其質子數與電子數相同、電性相反、而且每個質子和電子所帶電量相同，所以原子都是電中性，物質在摩擦之前都是電中性。然而，如果不同材質的物體互相摩擦，則會因為各種材質對電子的吸引力不同，而使得原子核外的電子轉移，造成物質帶電。若是將塑膠尺與毛皮摩擦，則因為塑膠尺對電子的吸引力比毛皮來得大，所以在摩擦的過程中造成電子的轉移，電子由毛皮轉移到塑膠尺，使得塑膠尺因為得到電子而帶負電，毛皮因為失去電子而帶正電。另外，若是將玻璃棒與絲絹摩擦，則因為絲絹對電子的吸引力比玻璃棒來得大，所以在摩擦的過程中，電子由玻璃棒轉移到絲絹，使得絲絹因為得到電子而帶負電，玻璃棒因為失去電子而帶正電。

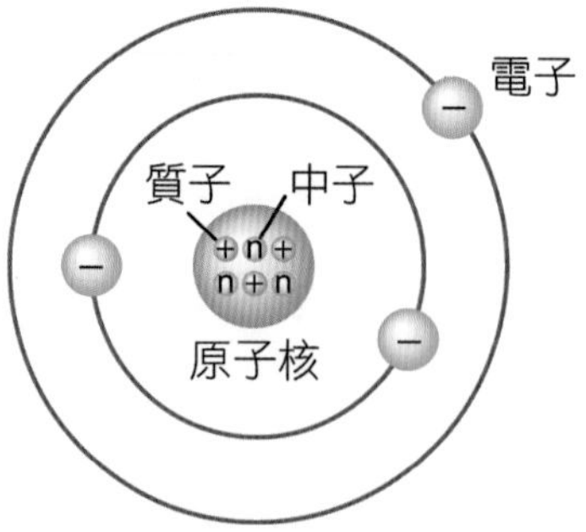

圖 3-1　原子結構

如圖 3-2，如果我們將上述摩擦過的塑膠尺（帶負電）與玻璃棒（帶正電）互相靠近，則彼此會互相吸引；如果我們將兩個摩擦過的塑膠尺（都帶負電）互相靠近，或將兩個摩擦過的玻璃棒（都帶正電）互相靠近，則彼此會互相排斥。這說明了帶電的物體之間彼此會有作用力（此作用力稱為靜電力），而且作用力的性質是：同性電互相排斥，異性電互相吸引。

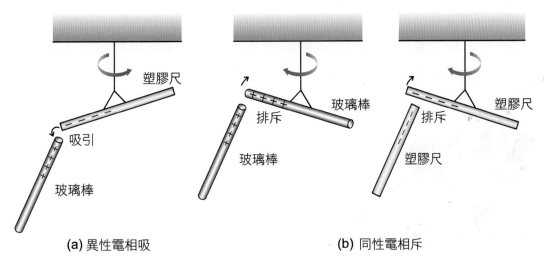

(a) 異性電相吸　　　　　　　(b) 同性電相斥

❉ 圖 3-2　異性電相吸、同性電相斥

其實，除了帶電的物體之間彼此會有作用力之外，帶電體與不帶電體也會因為**靜電感應**(electrostatic induction)而相吸。所謂的靜電感應是指：因帶電體的靠近，使得導體內部正負電分離的現象。如圖 3-3 所示，當帶負電的塑膠尺靠近一置於絕緣架上的導體時，導體中的自由電子因受到外來負電的排斥，會移

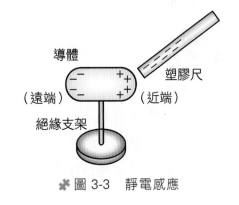

❉ 圖 3-3　靜電感應

至遠端，靠近帶電體的這一端則留下正電荷。此時因為導體近端的正電荷與塑膠尺距離，比遠端的負電荷與塑膠尺距離近，所以吸引力大於排斥力，兩物體便會相吸。

用摩擦的方法讓塑膠尺或玻璃棒帶電，稱為**摩擦起電**。除了摩擦起電，我們還可以用**靜電感應**的方式讓物體帶電，此方式稱為**感應起電**(charging by induction)。圖 3-4 所示為感應起電的過程：

1.　不帶電：將不帶電的金屬球置於絕緣支架上。

2.　靜電感應：將帶負電的塑膠尺靠近金屬球，此時因靜電感應，使得金屬球近端帶正電、遠端帶負電。

3.　接地：將金屬球遠端用手或導體接地，此時遠端的負電會流入地球，使得金屬球帶正電。

4.　離地：將手或導體離開金屬球。

5.　帶電：將塑膠尺離開金屬球，金屬球就帶電了。

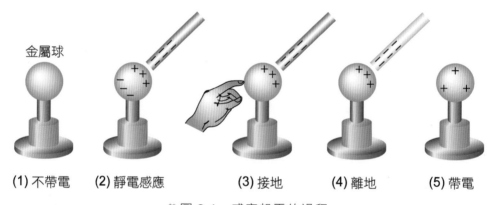

(1) 不帶電　(2) 靜電感應　　(3) 接地　　(4) 離地　　(5) 帶電

✿ 圖 3-4　感應起電的過程

　　如前所述靜電力的方向是「同性電互相排斥，異性電互相吸引」，這只有說明了靜電力的方向，然而靜電力的大小又是如何呢？直到 1785 年才由法國科學家**庫侖**(C. A. Coulomb)由實驗結果驗證而提出：「兩帶電體之間的作用力之大小，與兩帶電體的電量乘積成正比，與兩者距離的平方成反比」，此一規則稱為**庫侖定律**。如圖 3-5 所示，若以 q_1、q_2 分別代表兩帶電體的**電量**（單位：庫侖、C），以 r 代表兩帶電體之間的距離

（單位：公尺、m），以 F 代表兩帶電體之間的**作用力**（單位：牛頓、N），則庫侖定律可以數學式表示如下：

$$F = \frac{kq_1q_2}{r^2}$$

靜電力公式(3-1)

式中 k 稱為**靜電常數**，在公制單位中：

$$k = 9 \times 10^9 \text{牛頓} \cdot \text{公尺}^2 / \text{庫侖}^2$$

式中計算出的 F 如果是正值，代表兩個電荷 q_1、q_2 皆為正電或皆為負電，兩電荷相斥。F 如果是負值，代表兩個電荷 q_1、q_2 為一正電、一負電，兩電荷相吸。

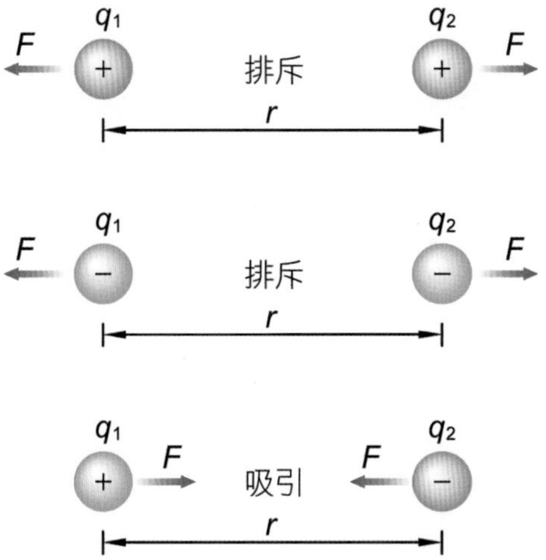

❉ 圖 3-5　庫侖定律 $F = \frac{kq_1q_2}{r^2}$

例題 3-1

有兩個帶電的小球，其所帶電量分別是 $+2 \times 10^{-6}$ 庫侖、-3×10^{-6} 庫侖，若兩球相距 30 公分，則兩球之間的靜電力為何？

解

$$F = \frac{kq_1q_2}{r^2} = \frac{9\times10^9\,(+2\times10^{-6})\times(-3\times10^{-6})}{0.3^2} = -0.6\ (\text{牛頓}),$$

兩球之間的靜電力為 0.6 牛頓，相吸。

練習 3-1

　　兩點電荷距離增加為原來的 3 倍，電量各增為原來的 2 倍及 9 倍，則靜電力變為原來的幾倍？

　　自然界中最小的電量是一個電子或一個質子所帶的電荷量，此電量稱為 **1 基本電荷**，以符號 e 表示，其大小為：

$$1e = 1.6\times10^{-19}\ \text{庫侖}$$

　　如前所述「物體之所以會帶電是因為得失電子」，所以任何物體所帶的電量必是基本電荷的整數倍。而 1 庫侖的電量可以看成 $\dfrac{1}{1.6\times10^{-19}} = 6.25\times10^{18}$ 個電子或質子所帶的電量，即：

$$1\ \text{庫侖} = 6.25\times10^{18}\,e$$

3-2 直流電與交流電

　　前一節我們所討論的帶電體，所帶的電是屬於靜止的電，稱之為**靜電**。反之，如果電荷是流動的，我們就稱之為**電流**(electric current)。那麼電荷要有什麼條件才會流動呢？就如同要形成水管內的水流動必須要有

水位差一樣，要形成電荷流動必須要有**電位差**(potential difference)（又稱為**電壓**(voltage)或**電動勢**），而提供電位差的裝置稱為**電源**。

容易導電的物體，稱為**導體**，如一般的金屬都是導體，導體之所以會導電是因為它們的原子本身，具有能夠自由移動的電子。當我們對導體外加一個電位差時，自由電子就在導體中沿著固定的方向移動，形成了所謂的電流。另外，我們對電解質溶液外加一個電位差時，溶液中的正負離子會沿相反方向流動（如圖 3-6），這也形成電流。習慣上，我們規定正電荷流動的方向為電流的方向，然而金屬導體內形成電流的原因是帶負電的自由電子之移動，所以電流的方向與電子移動的方向是相反的。以乾電池為例，其外部導線中電子是從負極向正極移動，而電流的方向則是從正極流向負極（如圖 3-7）。

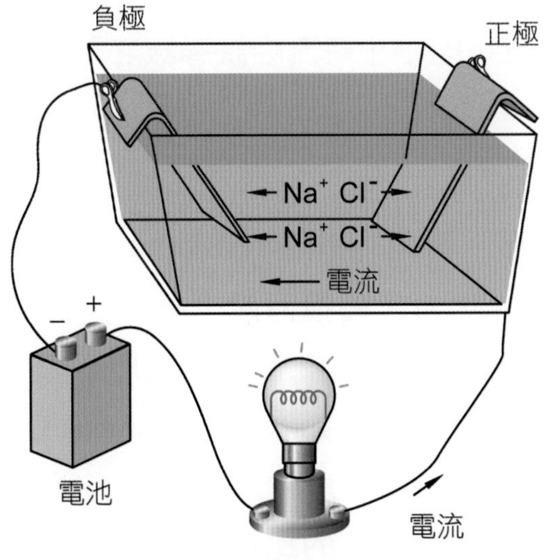

圖 3-6　電解液的電流

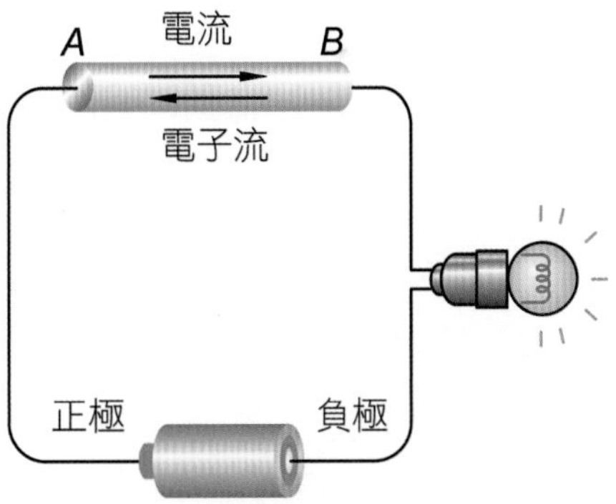

圖 3-7　導線的電流與電子流

水流大小是以單位時間內流過水管某一截面的水量來表示，同樣的，**電流**大小是以「單位時間內通過導線某一截面的電量」來表示。若以 t 代表經歷**時間**（單位：秒、S），以 q 代表通過某截面的**電量**（單位：庫侖、C），以 I 代表該處的**電流**（單位：安培、Ampere、A），則：

$$I = \frac{q}{t}$$

電流定義公式(3-2)

 例題 3-2

已知每分鐘有3×10^{20}個電子通過某一截面，試求其電流大小。

每個電子電量為1.6×10^{-19}庫侖，而且每分鐘即為每 60 秒，所以

$$I = \frac{q}{t} = \frac{3 \times 10^{20} \times (1.6 \times 10^{-19})}{60} = 0.8 \ （安培）$$

練習 3-2

若一導線通有 2 安培的穩定電流，則 1 小時流經該導線之電量為多少庫侖？

電荷在導體中流動時所遭受的阻礙，稱之為電阻(resistance)，電阻形成的原因是自由電子在導線中移動時，與原子碰撞而產生阻礙。我們將一金屬導線兩端施以不同的電壓，實驗結果顯示，當電壓愈大時，流經導線的電流也愈大。1826 年德國科學家歐姆(Georg Simon Ohm, 1789~1854)發現，金屬導線在一定的溫度時，其所加的電壓與通過的電流成正比，這個關係稱為歐姆定律，電壓和電流的比值定義為導線的電阻。若以V代表導線兩端的電壓（單位：伏特、Volt、V）、以I代表通過導線的電流（單位：安培、Amp、A）、以R代表導線的電阻（單位：歐姆、ohm、Ω），則歐姆定律可寫成下式：

$$R = \frac{V}{I} \ 或 V = IR$$

歐姆定律公式(3-3)

金屬導線的電阻與材料本身有關，而與所加的電壓無關，對相同材質的金屬而言，其電阻與導線長度成正比，與導線截面積成反比。若以 R 代表導線**電阻**（單位：歐姆）、以 L 代表導線**長度**（單位：公尺）、以 A 代表導線**截面積**（單位：平方公尺），則：

$$R = \rho \frac{L}{A}$$ 電阻與材料公式(3-4)

式中 ρ 為比例常數，稱為**電阻率**(resistivity)（單位：歐姆－公尺、Ω-m），電阻率之值隨材料而異，愈容易導電的材料其電阻率 ρ 愈小，表 6-1 為常見物質的電阻率。

▶ 表 6-1　常見物質的電阻率

物質	電阻率(Ω-m)	物質	電阻率(Ω-m)
銀	1.6×10^{-8}	碳	3.5×10^{-5}
銅	1.7×10^{-8}	鍺	0.45
金	2.4×10^{-8}	矽	2.5×10^{3}
鎢	5.5×10^{-8}	木材	$10^{8} \sim 10^{11}$
鐵	10×10^{-8}	玻璃	$10^{10} \sim 10^{14}$
鉛	22×10^{-8}	硬橡膠	$10^{13} \sim 10^{16}$
汞	96×10^{-8}	石英	7.5×10^{17}

 例題 3-3

20°C 時，鐵絲截面積 2×10^{-6} 平方公尺，鐵的電阻率 $\rho = 1.0 \times 10^{-7} \Omega$-m，求 400 公尺長的鐵絲電阻為何？

$$R = \rho \frac{L}{A} = 1.0 \times 10^{-7} \times \frac{400}{2 \times 10^{-6}} = 20 \text{ （歐姆）}$$

練習 3-3

設有一電阻為 R 的均勻導線，若將其均勻拉長為原來的 2 倍時，問其電阻變為何？

前述我們以乾電池為電源，其所形成的電流有固定的方向（如圖 3-8），此稱之為**直流電**(direct current)，簡記為 DC，而供給直流電的電源稱為**直流電源**，其電路符號為┤├。

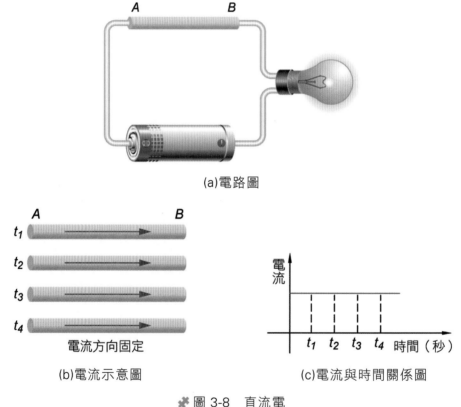

(a)電路圖

(b)電流示意圖

電流方向固定

(c)電流與時間關係圖

✹ 圖 3-8　直流電

如果我們以家中的插座為電源，因為插座沒有固定的正負極，其所提供的電位差是隨時間而變化，它所形成電流之大小和方向，也是隨時間而作週期性之變化（如圖 3-9），此稱之為**交流電**(alternating current)，簡記為 AC，而供給交流電的電源稱為**交流電源**，其電路符號為⊙。

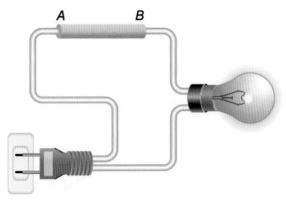

(a)電路圖

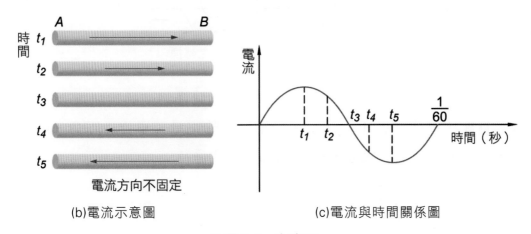

(b)電流示意圖　　　　　　　　(c)電流與時間關係圖

✦ 圖 3-9　交流電

3-3　生活中的電流熱效應及應用

　　我們以電鍋來加熱食物，以吹風機的熱風來吹乾頭髮，這些裝置都要接上電源，才能使電器產生熱量。然而電源的電能如何轉變成電器的熱量呢？

　　參考圖 3-10 所示的電路，當電路形成一個封閉的迴路時，導線中的電荷會受到電池的推動而沿著電路流動，流動的電荷攜帶由電池提供的電能出發，經過電器時將電能轉換成熱量，電荷回到電池處會繼續獲得電能，如此循環直到電池的電能用完為止。

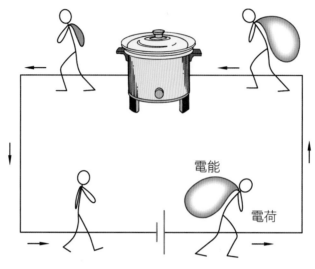

電能

電荷

✿ 圖 3-10　電能與熱能之轉換

　　事實上，**電位差**的定義是「每單位的電量通過時的電能差」，若以 E 表示**電能**（單位：焦耳、 J），q 表示通過的電量（單位：庫侖、C），V 表示電位差（單位：伏特、V），則三者之關係為：

$$V = \frac{E}{q} \text{或} E = qV$$　　　　　　　**電位差定義公式(3-5)**

　　又根據電流的定義 $I = \frac{q}{t}$ 知 $q = It$，將此結果帶入公式 3-5 計算可得電能 $E = qV = (It)V = IVt$，再由歐姆定律公式：$R = \frac{V}{I}$ 知 $V = IR$、$I = \frac{V}{R}$，帶入計算可得下列結果：

$$E = IVt = I^2Rt = \frac{V^2}{R}t$$　　　　　　**電路之電能公式(3-6)**

由能量守恆的觀念可知，此公式可代表電池提供的電能，也可以代表電器消耗的電能。

　　電流通過具有電阻的導體時，會使導體生熱，此稱為**電流的熱效應**。因電能的慣用單位是焦耳(J)，而熱量的慣用單位是卡(cal)，在轉換時須注意下列單位的換算：

> 1 焦耳(J)＝0.24 卡(cal)；1 卡(cal)＝4.2 焦耳(J)

　　另外，我們將「單位時間所消耗的電能」定為**電功率** (electric power)，若以 P 表示**電功率**（單位：瓦特、W ），以 E 表示**電能**（單位：焦耳、J ），以 t 表示時間（單位：秒、s），則：

$$P = \frac{E}{t} \qquad\qquad \text{電功率定義公式(3-7)}$$

　　將公式 3-6 帶入上式計算可得下列結果：

$$P = IV = I^2 R = \frac{V^2}{R} \qquad\qquad \text{電路之電功率公式(3-8)}$$

　　由能量守恆的觀念可知：此公式可代表電池提供的電功率，也可以代表電器消耗的電功率。電功率的單位為**瓦特**(Watt)，簡記為 W，而且瓦特＝焦耳／秒，也就是 1 瓦特代表每秒提供（消耗）1 焦耳的電能。

⚙ 例題 3-4

　　有一電阻 20 歐姆，連接在 220 伏特的電源上，請問 5 分鐘產生的熱量為多少卡？

解

　　電能：$E = \dfrac{V^2}{R} \cdot t = \dfrac{220^2}{20} \times (5 \times 60) = 726000$（焦耳），又 1 焦耳＝0.24 卡，所以產生熱量為 $726000 \times 0.24 = 174240$（卡）

練習 3-4

3 安培之電流流經 100 Ω 之電阻，則消耗在電阻之電功率為何？

3-4　生活中的電流磁效應及應用

一、電流的磁效應

　　人類很早就發現電、磁現象，但一直認為兩者互不相干。直到 1820 年，丹麥物理學家厄斯特(Hans Chritian Oersted, 1777~1851)在一次課堂上示範電流實驗時，意外發現通有電流的導線，能使附近的磁針偏轉（如圖 3-11）。經過多次的實驗，他證實載流導線會在周圍建立磁場，因而造成磁針偏轉，這種現象稱為電流的磁效應(magnetic effect of current)。這是歷史上重大的發現，因為原本看似不相關的電和磁有了關係，以下我們分三種情形討論電流的磁效應。

❋ 圖 3-11　電流的磁效應

（一）直導線

我們進一步研究發現，載流直導線周圍建立的磁場方向，如圖 3-12(a)所示，當電流出紙面時，磁場方向為逆時針方向；當電流入紙面時，磁場方向為順時針方向。為了解釋載流導線周圍磁場的方向，安培提出了一個法則，如圖 3-12(b)：「以右手握住導線，並使拇指平伸指向電流方向，則其餘四指彎曲的方向即代表導線周圍磁場的方向」，我們將此法則稱為**安培右手定則**(Ampere's right-hand rule)。圖 3-12(c)線周圍磁場示意圖，「‧」代表出表面、「x」代表進表面。

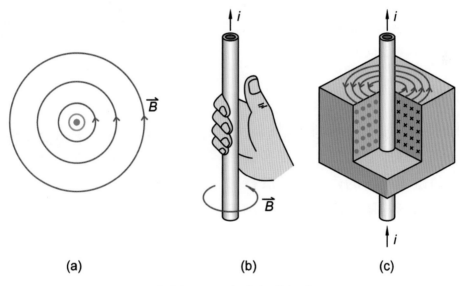

| (a) | (b) | (c) |

�֎ 圖 3-12　安培右手定則

（二）圓形線圈

如圖 3-13 之載流圓形線圈，根據安培右手定則可判斷，每一小段的電流在線圈內部所建立的磁場方向都是向上，所以線圈內部總磁場向上。其實，線圈內磁場方向亦可由下列之**安培右手定則**判斷：右手彎曲的四指代表電流方向，此時伸直的拇指代表線圈內磁場方向（如圖 3-14）。

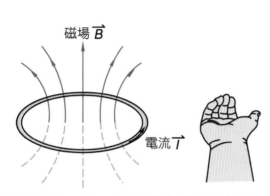

❈ 圖 3-13 每一小段電流在線圈內建立的
電場皆向上

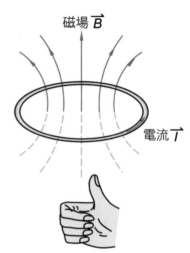

❈ 圖 3-14 安培右手定則判斷線圈內磁
場方向

（三）螺線管

把長直導線均勻地以螺線形繞在一圓筒上，就形成**螺線管**
(solenoid)，螺線管可以看成很多圓形線圈串連而成，在螺線管內的磁場
近似**均勻磁場**，管的兩端相當於棒形磁鐵的兩端。螺線管線圈內部的磁
場方向與圓形線圈相同，同樣可由**安培右手定則**判斷：右手彎曲的四指
代表電流方向，此時伸直的拇指代表線圈內磁場方向（如圖 3-15）。

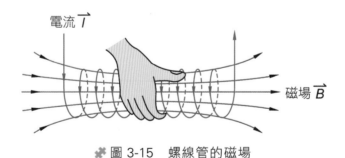

❈ 圖 3-15 螺線管的磁場

二、電流的磁效應之應用

　　如果將螺線管繞在軟鐵心上，當螺線管通上電流時，其內部的磁場會使軟鐵磁化成磁鐵，由於螺線管與磁化軟鐵之磁場方向相同，所以具有很大的磁性，如圖 3-16，此為**電磁鐵**(electro-magnet)。電磁鐵的磁性是暫時的，當電流切斷時磁性就消失。電磁鐵的用途很廣，例如碼頭貨櫃裝卸場的起重機，它是利用通電之電磁鐵的強大磁性，將鐵製貨櫃吸起來，再利用斷電使電磁鐵的磁性消失，將鐵製貨櫃放下來（如圖 3-17）。另外，電鈴、電話聽筒、電磁門鎖等，也都是電磁鐵的應用。

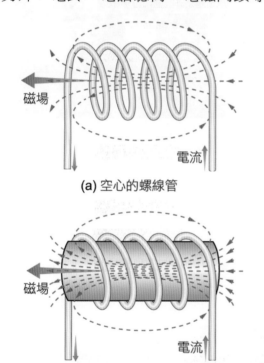

(a) 空心的螺線管

(b) 插有軟鐵心的螺線管（電磁鐵）

❋ 圖 3-16　載流螺線管內放入軟鐵心，
　　　　　　可使磁性大幅增強

❋ 圖 3-17　電磁鐵起重機

3-5　生活中的電磁感應及應用

一、電磁感應

如前所述，載流導線會在周圍建立磁場，這是由電流產生磁場（電生磁）的效應。那麼磁場是否也能產生電流（磁生電）呢？

西元 1831 年英國物理學家法拉第由多年的實驗中發現：若一封閉導體線圈內的磁力線數目有變化，則線圈會產生感應電流。此現象稱為**電磁感應**(electromagnetic induction)。

✤ 圖 3-18　　法拉第

然而，感應電流的方向要如何判定呢？冷次提出一個法則來判定感應電流的方向：「因磁力線數目變化而產生的感應電流，其方向是要使感應電流產生的新磁場抗拒原磁力線數目變化」，此法則稱為**冷次定律**(Lenz's law)。我們以實際的例子說明如下：如圖 3-19 所示，磁棒向下移動，線圈內的磁力線數目向下增加，為

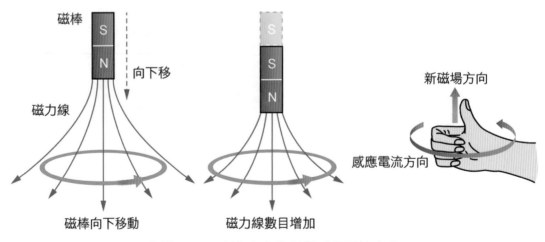

✤ 圖 3-19　　由冷次定律判斷感應電流方向

了抗拒向下增加的磁力線數目，必須有一個向上的新磁場；由安培右手定則可知感應電流的方向必須是逆時針方向，才會產生向上的新磁場。

二、電磁感應之應用

（一）變壓器

日常生活中，因為各種電器適用的電壓不同，所以我們常常使用**變壓器**(transformer)來改電壓大小，以提供所需電壓。有些變壓器還可以配合將交流電轉變為直流電之整流器，這種變壓器稱為**整流變壓器**，如圖 3-20。

✖ 圖 3-20　變壓器

其實，變壓器是一種利用**電磁感應**原理，將**交流電**電壓升高或降低的裝置。變壓器的構造如圖 3-21 所示，主要是由兩組匝數不同的線圈，纏繞於「回」字形軟鐵心所構成。連接交流電源的線圈稱為**主線圈**(primary coil)；連接電器的線圈稱為**副線圈**(secondary coil)。軟鐵心將通過主線圈的磁力線導向副線圈，使通過二線圈的磁力線數目相等。當主線圈接上交流電後，因為電流的磁效應，使得鐵心內部的磁力線數目產生週期性的變化，進而使副線圈因鐵心內部的磁力線數目變化，而產生感應電壓輸出。若變壓器主線圈與副線圈的匝數分別是 N_1、N_2；主線圈輸入電壓和副線圈輸出電壓分別是 V_1、V_2，則其關係式為：

$$\frac{N_1}{N_2} = \frac{V_1}{V_2}$$

若在變壓過程中能量沒有損失，則稱此變壓器為**理想變壓器**。理想變壓器的輸入功率等於輸出功率。若主線圈與副線圈的電流分別是 I_1、I_2，則：

$$I_1 V_1 = I_2 V_2$$

綜合上面兩式，可得：

$$\frac{N_1}{N_2} = \frac{V_1}{V_2} = \frac{I_2}{I_1}$$ 理想變壓器公式(3-9)

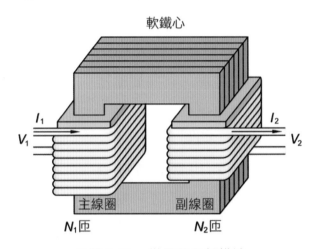

軟鐵心

I_1

V_1

I_2

V_2

主線圈　　　　副線圈

N_1匝　　　　N_2匝

�֍ 圖 3-21　變壓器內部構造

例題 3-5

　　有一理想變壓器，其主線圈為 5,000 匝，副線圈為 50 匝，若輸入電壓為 11,000 伏特，輸入電流為 5 安培，試求：(1)輸出電壓、(2)輸出電流、(3)輸入功率、(4)輸出功率。

解

(1) $\dfrac{N_1}{N_2} = \dfrac{V_1}{V_2} \Rightarrow \dfrac{5000}{50} = \dfrac{11000}{V_2} \Rightarrow V_2 = 110$ （伏特）

(2) $\dfrac{N_1}{N_2} = \dfrac{I_2}{I_1} \Rightarrow \dfrac{5000}{50} = \dfrac{I_2}{5} \Rightarrow I_2 = 500$ （安培）

(3) 輸入功率 $P_1 = I_1 V_1 = 5 \times 11000 = 55000$ （瓦）

(4) 理想變壓器輸出功率＝輸入功率。因此，輸出功率為 55,000（瓦）。

練習 3-5

交流電源電壓 110 伏特，頻率 60 赫茲，經原線圈 100 匝、副線圈 10,000 匝的變壓器後，(1)輸出的交流電頻率為多少赫茲？(2)輸出電壓為多少伏特？

（二）電力輸送

台灣家庭用插座的電壓為 110V，但是輸送電力的電壓卻是三十多萬伏特的**高壓電**，這是什麼原因呢？這是為了減少損失在輸送線路上的能量。因為輸送線路電阻 R 為定值，根據電流的熱效應，損失在線路上的熱功率 $P = I^2 R$，可知輸送電流 I 愈小，損失在線路上的熱功率 P 愈小。又根據理想的變壓器輸送功率($P = IV$)為定值，所以用高壓電（V 較大）來輸送電力，可降低輸送電流（I 較小），進而減少損失在線路上的熱能。台灣電力輸送過程如圖 3-22。

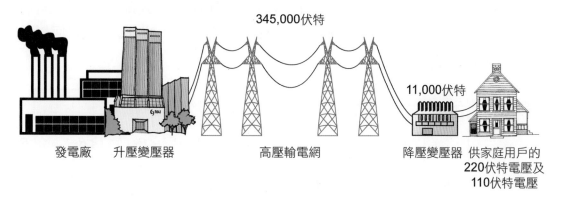

345,000伏特

11,000伏特

發電廠　升壓變壓器　　　高壓輸電網　　　降壓變壓器 供家庭用戶的
220伏特電壓及
110伏特電壓

� 圖 3-22　電力輸送過程

3-6 家庭用電與安全

現代家庭生活，電能是最為普遍而便利的能源，電力公司用水力、火力、核能等發電方式，將各種能量轉變成電能後，然後輸送到各個家庭供各種電器來使用，電器再將電能轉換成各種形式的能量供我們利用，以創造我們舒適而便利的生活。平時我們或許沒有特別感覺到電的重要性，但是只要一停電我們的生活將有許多的不便，所以我們要特別珍惜能源。

電力公司收取電費是以「度」為單位，「**度**」是所消耗電能的俗稱單位，其定義為「1 千瓦的電器連續使用 1 小時所消耗的電能」。依此定義，1 度＝1 千瓦×1 小時＝1000 瓦×3600 秒＝3.6×10^6 焦耳。

一般家庭中的各種電器是以**並聯**的方式連接到電源上。所謂的並聯是指將數個電阻器並排連結，則電流分成各支流，個別通過各電阻的連接方式。如圖 3-23(a)所示，以 R_1、R_2 及 R_3 代表三種不同電器的電阻，每個電器的兩個接頭分別接到電源的兩端，這種連接方式即是並聯。若將電路圖簡化，即如圖 3-23(b)所示，則更容易看出 R_1、R_2 及 R_3 是如何以並聯的方式連接到電源上。

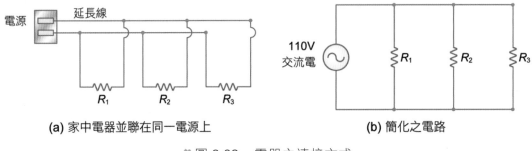

(a) 家中電器並聯在同一電源上　　　(b) 簡化之電路

✖ 圖 3-23　電器之連接方式

從並聯電路可看出每個電器的電壓均為 110V，如此電器才能正常運作，並且才能在某一電器壞掉而形成斷路時不影響其他電器的運作。然而，因為線路並聯，所以流經延長線的總電流為各電器電流的總和，一旦電流超過線路最大負載電流時，將會造成**電線走火**的危險。所謂電線

走火，是指電流太大，超過電線負荷，因為電流的熱效應造成電線溫度過高，使得電線的橡膠外皮燃燒起來，繼而引燃其他房屋建材，形成火災。所以在使用上必須要特別注意，不要在延長線上同時使用功率很大的電器或同時連接太多電器（如圖 3-24），以免因**超載**而造成電線走火。

�֎ 圖 3-24　超載

　　市面上所賣的延長線有 1210W/11A 和 1650W/15A 兩種規格，使用時必須注意電器總功率是否超過延長線標示的功率。例如將 600W 的電子鍋和 700W 的電熱水瓶接到 1210W/11A 的延長線，即會造成超載。延長線愈粗，其電阻愈小（請參考公式 3-4），在相同的電流條件下，由電功率公式可知其電流的熱效應愈小，愈不容易造成電線走火。

　　而另一種電阻器的連結方式是串聯，所謂串聯是指將數個電阻依次串接在同一條導線上，使電流依序經過每個電阻器的方式。

　　如果將電器改成串聯之後再接到 110V 的電源上（如圖 3-25 所示），將使每個電器的電位差小於電源的電位差（因 $V = V_1 + V_2 + V_3$），那麼電器就無法正常運作了。而且，當其中一個電器壞掉而形成斷路(open circuit)時，電流便無法流通至其他電器，所以家用電器不可能以串聯方式連接。

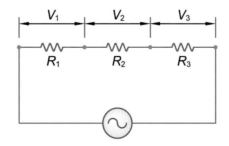

✖ 圖 3-25　電器串聯將無法正常運作

　　除了超載造成電線走火的問題之外，還要注意**短路**(short circuit)的問題，所謂短路是指電流未經過電器而直接經由導線連通，因為導線電阻很小，所以短路時會形成很大的電流，進而造成電線走火。一般在使用電器時，最容易造成短路的原因是在拔插頭時直接拉扯電線，造成靠近插頭處兩條導線直接接觸（如圖 3-26），這一點在使用上要特別注意。

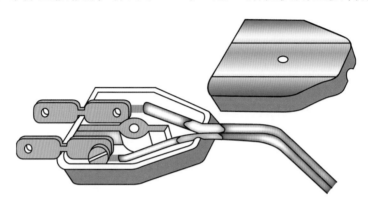

❉ 圖 3-26　短路

　　為了防止線路電流太大，造成電線走火，電路上必須要有**保險裝置**，以便電流太大時能形成斷路，以確保安全。保險裝置安裝在總開關處，早期使用的保險裝置為**保險絲**(fuse)，如圖 3-27(a)，它是一種低熔點的金屬合金線，當通過它的電流過大時，保險絲會因為溫度過高而熔斷。保險絲熔斷後必須更換保險絲，很不方便。現今大多改用無熔絲開關，如圖 3-27(b)，當電流太大時，會因電流造成的磁力使它自動跳開而形成斷路，想要恢復電力時只需將開關按回去即可，如此不但比更換保險絲方便，而且還可以當做總電源總開關來使用。

(a) 保險絲　　　　　　　　　　　(b) 無熔絲開關

❀ 圖 3-27　　線路之保險裝置

3-7　電磁波

　　靜止的電荷會在空間中產生穩定的電場；而穩定的電流在空間中產生穩定的磁場。這種不隨時間改變的電場和磁場，分別稱為**靜電場**和**靜磁場**。但是，當電荷加速運動或電流隨時間改變時，會產生隨時間改變的電場或磁場。依法拉第定律，隨時間變化的磁場會產生電場。另一方面，馬克士威推論，隨時間變化的電場也會產生磁場。如此交互感應，會在空間中產生規律變化的電場和磁場，形成所謂的**電磁波**(electromagnetic wave)，又稱為**電磁輻射**(electromagnetic radiation)。電磁波的傳播方向和電場方向及磁場方向，都互相垂直，如圖 3-28。馬克士威還推算出電磁波不需依靠介質來傳播，且真空中電磁波波速為 3×10^8 公尺／秒，恰與真空中的光速相等，因此他推論光是電磁波的一種。

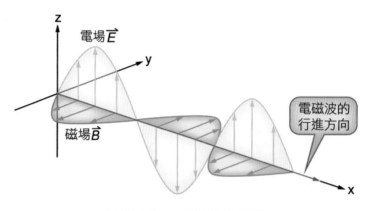

❈ 圖 3-28　電磁波的傳播

　　1886~1888 年期間，德國物理學家赫茲(Heinrich Rudolph Hertz, 1857~1894)在實驗室中，以簡單的電荷震盪裝置發射出電磁波，並在遠處檢測出此電磁波，因而證實了馬克士威的電磁理論。1901 年，義大利人馬爾寇尼(Guglielmo Marconi, 1874~1937)在英倫海峽的兩岸，成功的傳送無線電報。後來他更進一步在大西洋的兩岸傳送無線電訊號，開始了電磁波的實際應用。

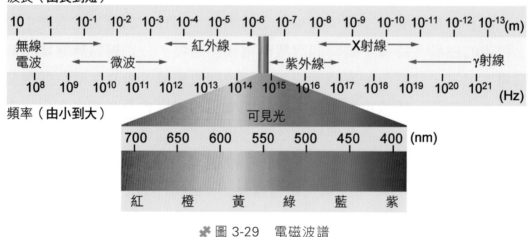

❈ 圖 3-29　電磁波譜

　　電磁波的頻率範圍很大，圖 3-29 為各種電磁波的頻率及在真空中的波長之分布，此稱為**電磁波譜**(spectrum of electromagnetic wave)。以下按電磁波的頻率範圍由小到大（或波長由長到短），介紹各種電磁波的產生方式及其應用：

1. **無線電波**(radio wave)：頻率範圍約為 $10^3 \sim 10^{10}$ Hz，由交流震盪電路產生，可用於廣播、無線電視、行動電話、無線通訊等。

2. **微波**(microwave)：頻率範圍約為 $10^9 \sim 10^{12}$ Hz，由真空電子管產生，可用於衛星通訊、微波加熱等。

3. **紅外線**(infrared ray)：頻率範圍約為 $10^{12} \sim 4 \times 10^{14}$ Hz，因頻率低於紅光而得名。常溫下物體的熱輻射線主要就是紅外線。紅外線常用於遙控、偵測、攝影等。

4. **可見光**(visible light)：頻率範圍約為 $4 \times 10^{14} \sim 7 \times 10^{14}$ Hz，可為肉眼所見。頻率由小到大依序是紅、橙、黃、綠、藍、靛、紫等色光。

5. **紫外線**（ultraviolet ray，簡稱 UV）：頻率範圍約為 $7 \times 10^{14} \sim 10^{17}$ Hz，因頻率高於紫光而得名。太陽輻射中有相當比例的紫外線，過量的紫外線會傷害人體，所幸大部分紫外線會被臭氧層吸收。另外，紫外線可殺死細菌，常用來消毒或殺菌。

6. *x* **射線**(*x*-ray)：頻率範圍約為 $3 \times 10^{16} \sim 3 \times 10^{19}$ Hz，為高速電子撞擊金屬靶所產生。由於它可穿透肌肉，因此常用來做為醫學上診斷牙齒、骨骼的工具。

7. *γ* **射線**(γ-ray)：頻率範圍約為 10^{19} Hz 以上，由放射性物質的原子核所發射。射線具有極高的穿透力，常用於醫學治療上，例如照射在腫瘤上可殺死癌細胞。

摘要

3-1　電的認識

1. 一切物質由原子組成，而原子是由帶正電的原子核和核外帶負電的電子所組成，原子核內則有帶正電的質子和不帶電的中子。

2. 摩擦的過程中會造成電子的轉移，得到電子者帶負電，失去電子者帶正電。

3. 靜電力的方向是：同性電互相排斥，異性電互相吸引。

4. 帶電體與不帶電體也會因為靜電感應而相吸。

5. 用靜電感應的方式讓物體帶電，稱為感應起電。

6. 庫侖定律：兩帶電體之間的作用力之大小，與兩帶電體的電量乘積成正比，與兩者距離的平方成反比。

$$F = \frac{kq_1q_2}{r^2}$$

7. $1e$（基本電荷）$= 1.6 \times 10^{-19}$ 庫侖。

3-2　直流電與交流電

8. 電流定義公式：$I = \dfrac{q}{t}$。

9. 歐姆定律公式：$R = \dfrac{V}{I}$。

10. 電阻與材料公式：$R = \rho \dfrac{L}{A}$。

11. 乾電池所形成的電流有固定方向，此稱之為直流電，簡記為 DC。

12. 家中的插座所形成電流之大小和方向，是隨時間而作週期性之變化，此稱之為交流電，簡記為 AC。

3-3 生活中的電流熱效應及應用

13. 電位差定義公式：$V = \dfrac{E}{q}$。

14. 電路之電能公式：$E = IVt = I^2Rt = \dfrac{V^2}{R}t$。

15. 電路之電功率公式：$P = IV = I^2R = \dfrac{V^2}{R}$。

3-4 生活中的電流磁效應及應用

16. 安培右手定則（一）：以右手握住導線，並使拇指平伸指向電流方向，則其餘四指彎曲的方向即代表導線周圍磁場的方向。

17. 安培右手定則（二）：右手彎曲的四指代表電流方向，伸直的拇指代表線圈內磁場方向。

3-5 生活中的電磁感應及應用

18. 電磁感應：若一封閉導體線圈內的磁力線數目有變化，則線圈會產生感應電流。

19. 冷次定律：因磁力線數目變化而產生的感應電流，其方向是要使感應電流產生的新磁場抗拒原磁力線數目之變化。

20. 變壓器公式：$\dfrac{N_1}{N_2} = \dfrac{V_1}{V_2} = \dfrac{I_2}{I_1}$。

21. 用高壓電來輸送電力，可降低輸送電流，進而減少損失在線路上的熱能。

3-6 家庭用電與安全

22. 度：1 千瓦的電器連續使用 1 小時所消耗的電能，1 度 $= 3.6 \times 10^6$ 焦耳。

23. 超載和短路都容易造成電線走火。

24. 為了防止線路電流太大,造成電線走火,電路上必須要有保險裝置, 早期使用的保險裝置為保險絲,現今大多改用無熔絲開關。

3-7 電磁波

25. 隨時間變化的磁場會產生電場,隨時間變化的電場也會產生磁場。如 此交互感應,會在空間中產生規律變化的電場和磁場,形成所謂的電 磁波。

26. 電磁波不需依靠介質來傳播,真空中電磁波波速為 3×10^8 公尺／秒, 恰與真空中的光速相等,因此推論光是電磁波的一種。

27. 電磁波的頻率範圍由小到大依序是:無線電波、微波、紅外線、可見 光、紫外線、x 射線、γ 射線。

習題

一、選擇題

(　) 1. 原子核帶　(A)正電　(B)負電　(C)不帶電　(D)不一定。

(　) 2. 金屬導體中電荷移動靠　(A)負電荷　(B)正電荷　(C)均有　(D)不一定。

(　) 3. 一庫侖為多少電子所帶的電荷？　(A)1.6×10^{19}　(B)6.25×10^{19}　(C)1.6×10^{18}　(D)6.25×10^{18}。

(　) 4. 若兩帶電體間的距離加倍，則互相作用力　(A)減為 1/2 倍　(B)減為 1/4 倍　(C)增為 2 倍　(D)增為 4 倍。

(　) 5. 兩帶電小球相距 5 公分，測得其斥力為1.6×10^{-6}牛頓，若兩球相距 10 公分，則靜電斥力為　(A)0.8×10^{-6}牛頓　(B)3.2×10^{-6}牛頓　(C)6.4×10^{-6}牛頓　(D)0.4×10^{-6}牛頓。

(　) 6. 有一電阻值為 R 的均勻導線，若將其均勻拉長到原來的 n 倍時，則其電阻值為原來的　(A)1　(B)n　(C)n^2　(D)n^3　倍。

(　) 7. 一 500 瓦特的電熱器，使用 30 分鐘共生熱若干千卡？　(A)215 千卡　(B)175 千卡　(C)265 千卡　(D)115 千卡。

(　) 8. 有 10 個鎢絲燈泡皆為 100 瓦，每只燈泡每天點亮 3 小時，每月點 30 天，設每度（千瓦小時）電費 5 元，試問使用此 10 個燈泡，每月需繳多少電費？　(A)150 元　(B)300 元　(C)450 元　(D)600 元。

(　) 9. 導線懸於磁針之正下方，若電流方向由北向南，則磁針之極將偏向何方？　(A)東方　(B)西方　(C)南方　(D)北方。

(　) 10. 若電流流動方向是由課本穿出紙面，則產生的磁場方向為　(A)與電流同向　(B)與電流反向　(C)順時鐘方向　(D)反時鐘方向。

( ) 11. 一線圈置於水平面上，今有磁棒，從上而下以 N 極迅速接近圈面中心，則線圈中產生的瞬時感應電流方向為　(A)順時針　(B)逆時針　(C)不定　(D)無感應電流。

( ) 12. 有一理想之變壓器，其主線圈為 400 匝，副線圈為 800 匝，假設主線圈的電壓為 110 伏特，則副線圈之電壓為　(A)55 伏特　(B)220 伏特　(C)440 伏特　(D)以上皆非。

( ) 13. 下列何者不是電磁波？　(A)紅外線　(B)無線電波　(C)微波　(D)聲波。

( ) 14. 常溫下物體的熱輻射線主要是　(A)紅外線　(B)紫外線　(C)x 射線　(D)γ 射線。

( ) 15. 常用來作為醫學上診斷牙齒、骨骼的工具為　(A)紅外線　(B)紫外線　(C)x 射線　(D)γ 射線。

二、填充題

1. 摩擦的過程中會造成_____的轉移，得到電子者帶____電，失去電子者帶____電。

2. 靜電力的方向是：同性電互相_____，異性電互相_____。

3. 乾電池所形成的電流有固定方向，此稱之為_____電，簡記為____。

4. 家中的插座所形成電流之大小和方向，是隨時間而作週期性之變化，此稱之為_____，簡記為____。

三、計算題

1. 小明家中電表相隔兩個月的讀數分別是 17428 與 18328，如果一度電 3 元，則
   (1) 所需電費為何？
   (2) 所用電能為若干焦耳？
   (3) 這些電能可使 100 瓦的電器運作多久？

2. 家庭使用一規格為 110V、1320W 的電熱器，需要配合多大規格電流的電線較安全？

Chapter 04
能量的觀念

學習目標

1. 能瞭解功的意義，並說出作功可以獲得能量。

2. 能瞭解能量有各種型態而且能量之間可以互相轉換。

3. 能瞭解熱平衡的意義。

4. 能說出溫度計測量的原理並說出各種溫標的定義。

5. 能瞭解熱容量和比熱的意義。

6. 能瞭解相變和潛熱的概念。

7. 能說出能量守恆的概念。

8. 能明白如何有效利用能源與節約能源。

4-1 能與力的關係

當我們投擲保齡球時，必須**施力**才能把球拋出，如圖 4-1。在這個過程中，我們施力對保齡球**作功**，使保齡球獲得**能量**而向前滾動。另一方面，具有**能量**的保齡球又可以對球瓶**作功**，使球瓶倒下，如圖 4-2。這個例子讓我們瞭解到：對物體作功會讓物體獲得能量，而具有能量的物體又可以對其他物體作功。或者說，對物體作多少功，物體就會獲得多少能量；物體減少多少能量，就能對外界做多少功。因此，作功與能量可說是息息相關，密不可分。

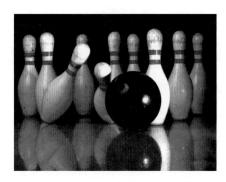

❋ 圖 4-1　施力對球作功使球獲得動能　❋ 圖 4-2　具有動能的保齡球可以對球瓶作功

然而，我們要怎樣知道施力對物體作多少功？如圖 4-3 所示，若以定力 F 對物體施力，而且物體沿施力方向之位移為 S，則施力對物體作功 W 為：

$$W = FS \hspace{4cm} \text{作功公式} \quad (4\text{-}1)$$

功的 SI 制單位是**牛頓‧公尺**(N‧m)，也稱為**焦耳**(J)。當你施 1 牛頓的力，使物體沿施力方向移動 1 公尺，你就等於對物體作了 1 焦耳的功。

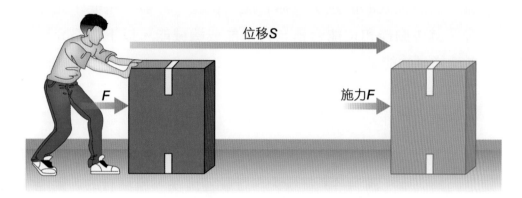

✦ 圖 4-3　作功 $W = FS$

 例題 4-1

　　某人以 10 牛頓的力，沿水平方向拖一置於地面的行李箱，使行李箱移動 5 公尺，則此力所作之功為何？

解

　　由功的定義公式可知：$W = FS = 10 \times 5 = 50$ （焦耳）

練習 4-1

　　某人施一水平方向定力推動質量為 50 公斤的物體，使物體沿水平方向等速前進了 10 公尺，如果地面與物體之間的摩擦力為 5 牛頓，則此人對物體作功多少焦耳？

4-2 能量的型態

宇宙中有各種式的能量，包括動能、位能、熱能、電能、光能、化學能等等，其中**動能**和**位能**合稱為**力學能**或**機械能**。以下簡略介紹日常生活中各種常見的能量：

一、動能

在地面的交通事故中，以火車的交通事故最嚴重，這是什麼原因呢？這是因為火車（圖 4-4）質量大、行駛速度快，所具有的「動能」比較大，作功能力也比較強，所以造成的傷害比較大。像這種，物體因為運動而具有的能量稱為**動能**(kinetic energy)，若物體質量為 m，速度為 v，則其動能 E_K 為：

$$E_k = \frac{1}{2}mv^2$$

動能公式(4-2)

動能是純量，與運動方向無關，其 SI 制單位為**焦耳**(J)，與功的單位相同。

圖 4-4　高速行駛的火車具有很大的動能

例題 4-2

某球質量 500 公克，被以 10 公尺／秒的速率投出，則此球投出瞬間動能為多少焦耳？

解

動能 $E_K = \dfrac{1}{2}mv^2 = \dfrac{1}{2} \times 0.5 \times 10^2 = 25$（焦耳）

練習 4-2

跑步中的運動員有 1600 焦耳的動能，若其體重 50 公斤，則其速率為多少公尺/秒？

二、重力位能

你有被掉落的球砸到腳的經驗嗎？如圖 4-5 所示，哪一顆球砸到腳最痛？答案應該是在較高處的撞球吧！由此可知，重量愈大、離地面愈高，物體所具有的「重力位能」愈大。在有重力的地方，物體因為高度不同而具有的能量，稱為**重力位能**(gravitational potential energy)。若物體質量為 m、離地面高度為 h、其所在位置之重力加速度為 g，則其對地面的**重力位能** U_g 為：

$$U_g = mgh \qquad\qquad \text{重力位能公式(4-3)}$$

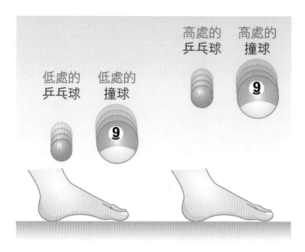

高處的
乒乓球　　高處的
　　　　　撞球

低處的　　低處的
乒乓球　　撞球

✿ 圖 4-5　哪一顆球砸到腳最痛？

例題 4-3

　　一質量為 5 公斤的物體，距離地面高度為 20 公尺的位置（若訂地面重力位能為零），其重力位能為多少焦耳？

解

　　重力位能 $U_g = mgh = 5 \times 9.8 \times 20 = 980$（焦耳）

練習 4-3

　　一物體質量 20 公斤，被從一長 10 公尺，高 2.5 公尺之光滑斜面的底部以等速度推至其頂，則物體增加的重力位能為多少焦耳？

三、熱能

　　因為受熱而具有作功能力的能量稱為**熱能**。如圖 4-6 所示汽缸，若我們對汽缸中的氣體加熱，則氣體分子會因為**熱運動**而推動活塞。這說明熱是能量的一種形式，可以對活塞作功。

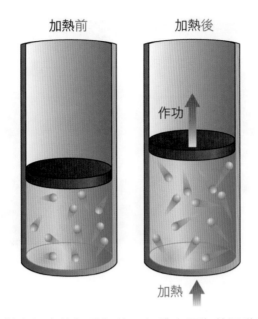

加熱前　　　　加熱後

作功

加熱

✿ 圖 4-6　對汽缸中的氣體加熱，氣體會因為熱運動而推動活塞

四、電能

　　反抗靜電力而對電荷所作的功，會轉換成電荷的**電位能**（簡稱為**電能**）。由於電能很容易轉換成其他形式的能量，所以電能是現今家庭和工廠中最普遍使用的能量。電力公司利用水力發電、火力發電、核能發電等方法，將重力位能、化學能、核能等各種形式的能量，先轉換成電能，家庭中的家電用品再將電能轉換成電風扇的動能、電燈的光能、電熱器的熱量等各種形式的能量，供我們使用。

五、光能

　　光是電磁波的一種，其輻射所具有的能量稱為**光能**。例如利用凸透鏡會聚太陽光，可讓紙屑燃燒，如圖 4-7 所示，這代表光具有能量。

❋ 圖 4-7　利用凸透鏡會聚太陽光，可讓紙屑燃燒

六、化學能

　　儲存在物質內部化學結構的能量稱為**化學能**(chemical energy)。當物質發生有些化學變化而產生化學結構的改變時，會釋放出化學能。例如物質燃燒，就是將物質內部的化學能轉換成熱能，如圖 4-8 所示。另外，我們攝取食物，食物在身體內產生化學變化，而將化學能釋放出來，以提供我們身體活動所需的能量。

❋ 圖 4-8　物質燃燒是將物質內部的化學能轉換成熱能

七、核能

儲存在原子核內的能量，稱為**核能**(nuclear energy)。當原子核的結構發生變化時（此稱為核反應），便會釋放出巨大的能量。而利用核能來發電是電能產生的方式之一，但因核能反應會有「輻射」的問題，必須考量其安全性。若不計入「輻射汙染」之防治及處理費用，核能發電可說是目前最有效率的發電方式。

4-3　溫度與熱量

一、溫度

在日常生活中，我們可能會說「今天天氣很冷」、「這杯汽水很冰」或「這碗湯很燙」，這些例子都是經由人的感覺來說明物體的冷熱程度。但是藉由人體感官來描述物體的冷熱程度，只能說個大概，不能很精準的描述出物體的冷熱程度，因此我們必須用一個客觀而標準的物理量來表示物體的**冷熱程度**，這個物理量就是**溫度**(temperature)。

當我們想喝開水時，若感覺冷水太冷會加入熱水，以調節成適當的溫水。這現象告訴我們，將兩個冷熱程度不同的物體互相接觸，經過一段時間之後，較熱的物體會漸漸變冷，較冷的物體會漸漸變熱，直到兩物體達到相同的冷熱程度（溫度）為止，此時稱兩物體達到**熱平衡**(thermal equilibrium)。

測量溫度必須藉由工具來測量才客觀，而測量溫度的工具就叫做**溫度計**(thermometer)。物質受熱後，某些性質（如體積、電阻或輻射熱等）會發生變化，因此我們可利用這些性質的變化，來測量物體的溫度。例如水銀溫度計和酒精溫度計是利用水銀或酒精具有熱脹冷縮的性質來測量溫度。因為水銀和酒精脹縮均勻，且其凝固點和沸點溫差大，所以適合當溫度計的材料，圖 4-9 為各種常見的溫度計。

(a)酒精溫度計

(b)耳溫槍

(c)水銀溫度計

(d)指針式溫度計

✿ 圖 4-9　各種常見的溫度計

二、溫標

　　為了量化溫度的大小，須訂定一個標準來標示溫度的數值，此標準稱為**溫標**(temperature scale)，一般常見的溫標有以下三種：

1. **攝氏溫標**：這是最常使用的溫標，由瑞典天文學家<u>攝思阿思</u>(Anders Celsius, 1701~1744)所創，他將 1 大氣壓下，冰水共存的溫度定為 0℃，水沸騰時的溫度定為 100℃，再將冰點和沸點之間，等分成 100 格，每相差一格代表相差 1℃。

2. **華氏溫標**：這是少數歐美國家常用的溫標，由德國科學家**華倫海特**(Daniel Fahrenheit, 1686~1736)所創，他將冰、水和鹽混合後可測量到的最低溫度定為 0°F，這是當時用人工方法所能獲得的最低溫度，再以人的體溫定為 96°F。後來改採用在一大氣壓下，冰水共存的溫度定為 32°F，水沸騰時的溫度定為 212°F。

3. **克氏溫標**（又稱為絕對溫標）：這是科學研究所使用的溫標，是由愛爾蘭爵士克耳文(Lord Kelvin, 1824~1907)根據熱力學理論所制定的，其單位以 K（請注意不是°K）表示，此為溫度的公制（SI 制）單位。克耳文將一切物體最低的可能溫度定為 0K（又稱為絕對零度，相當於攝氏–273.15°C），並規定溫差 1K 的大小與溫差 1°C相同。以此標準，純水的冰點為 273.15K，沸點為 373.15K。

三、溫標之換算

　　圖 4-10 為三種溫標的冰點和沸點之比較，假設某測量溫度，攝氏溫標為 T_C、華氏溫標為 T_F、絕對溫標為 T，根據數學比例關係可知：

$$\frac{測量溫度-冰點}{沸點-冰點} = \frac{T_C - 0}{100 - 0} = \frac{T_F - 32}{212 - 32} = \frac{T - 273.15}{373.15 - 273.15}$$

由此可推算出攝氏溫標(T_C)與華氏溫標(T_F)之換算關係式為：

$$T_F = \frac{9}{5}T_C + 32 \qquad\qquad 攝氏與華氏溫標換算公式(4-4)$$

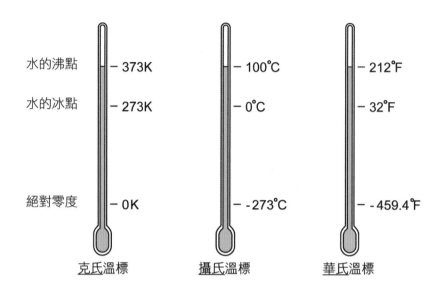

水的沸點	─ 373K	─ 100℃	─ 212℉
水的冰點	─ 273K	─ 0℃	─ 32℉
絕對零度	─ 0K	─ -273℃	─ -459.4℉
	克氏溫標	攝氏溫標	華氏溫標

� 圖 4-10　三種溫標之比較

而攝氏溫標(T_C)與絕對溫標(T)之換算關係式為：

$$T = T_C + 273.15$$ 　　　　攝氏與華氏溫標換算公式(4-5)

為了計算方便，在容忍的誤差範圍內，我們常以 273 代替 273.15。

 例題 4-4

如果現在氣溫是攝氏 20 度，則此氣溫相當於華氏若干度？

解

$$T_F = \frac{9}{5}T_C + 32 = \frac{9}{5} \times 20 + 32 = 68\,(\degree\text{F})$$

練習 4-4

攝氏 27 度，相當於絕對溫度多少 K？

四、熱量

當我們以瓦斯爐來燒開水時，發現水溫不斷升高。我們認為水溫會升高的原因是水吸收了「熱」，然而，熱是什麼？十八世紀以前，科學家認為熱是看不見、沒有質量且會流動的物質，稱為**熱質**(caloric)。

直到 1798 年美國人<u>冉福得</u>才打破熱質說的傳統觀念。<u>冉福得</u>發現鑽孔機鑽製砲管的過程中，鑽頭、砲管及銅屑都產生大量的熱，甚至會使冷水沸騰。他推想，如果熱是一種物質，熱質應該是從砲管流出，才使得銅屑變熱，這樣砲管應該變冷才對。因此，他認為熱不是從砲管流出的物質，而是因鑽頭不斷作功轉變而成。

後來英國物理學家<u>焦耳</u>，進行了作功生熱的實驗，進一步指出，一定量的功可以產生一定量的熱，於是確定熱不是一種物質，而是能量的一種形式。

當溫度不同的兩個物體互相接觸時，會由高溫處流向低溫處的能量，稱為**熱**(heat)或**熱量**(quantity of heat)。當物體溫度上升時，表示物體吸收熱量；反之，當物體溫度下降時，表示物體放出熱量。

由於熱是一種能量，所以熱和功、動能及位能，具有相同的單位，其 SI 制單位都是焦耳(J)。但在日常生活中，熱量常以卡(cal)為單位，1卡的定義是：

> 1 卡=4.186 焦耳

此熱量約為 1 公克的水升高 1°C所需的熱。1 卡的 1000 倍稱為 1 千卡（kcal，俗稱大卡），它是食品營養學上常用的單位。

五、比熱

　　如果我們以相同的熱源加熱不同質量的水,會發現質量小的溫度上升較快。若是以相同的熱源加熱相同質量的水和鐵塊,則會發現鐵塊的溫度上升較快。所以不同物質或不同質量的物體上升 1℃所需的熱並不相同,我們把「1 公克的物質,溫度升高 1℃所需的熱量」稱為該物質的比熱(specific heat),比熱為物質的特性,亦即每一種純物質有其固定的比熱。比熱的單位是**卡／克℃**(cal/g℃),由卡的定義可知水的比熱為 1 卡／克℃。表 4-1 列出常見物質的比熱,由表可知水是比熱很大的物質。

▶ 表 4-1　常見物質的比熱

物質	比熱（卡／克℃）	物質	比熱（卡／克℃）
水	1.0	銅	0.093
冰	0.55	銀	0.056
鋁	0.217	水銀	0.033
玻璃	0.199	鉛	0.031
鐵	0.113		

　　假設有一物體,其質量為 m、比熱為 s、溫度變化為 ΔT 時,其熱量變化為 H,則它們之間的關係式可寫為:

$$H = ms\Delta T$$

　　　　　　　　　　　　　　　　　　　　　熱量與比熱公式(4-6)

上列關係式中,如果物體溫度升高,則其溫度變化 ΔT 為正值,所計算出的熱量變化 H 亦為正值,這代表物體吸熱;反之,如果物體溫度降低,則其溫度變化為負值,所計算出的熱量變化 H 亦為負值,這代表物體放熱。

　　我們若將兩物體接觸,則高溫物體會放出熱量而使溫度降低（此時熱量變化 H 為負值）,低溫物質則會吸收熱量而使溫度升高（此時熱量變

化 H 為正值），直到溫度相等為止。若無熱量進出此系統，則系統總熱量變化為零。假設兩物體質量分別是 m_1、m_2；比熱分別是 s_1、s_2；混合前溫度分別是 T_1、T_2；達熱平衡後兩物體溫度皆為 T，則根據系統總熱量變化為零，其關係式可寫為：

$$m_1 s_1 (T - T_1) + m_2 s_2 (T - T_2) + \cdots\cdots = 0$$

若將上列式子做運算，將可算出混合溫度：

$$T = \frac{m_1 s_1 T_1 + m_2 s_2 T_2 + \cdots\cdots}{m_1 s_1 + m_2 s_2 + \cdots\cdots} \qquad \text{混合溫度公式(4-7)}$$

例題 4-5

將質量 100g，比熱為 0.22cal/g°C的鋁塊加熱至 100°C後，放入 10°C、100g 的冷水中，若無熱量散失，兩者混合達到熱平衡後，則其混合溫度為何？

解

$$T = \frac{m_1 s_1 T_1 + m_2 s_2 T_2}{m_1 s_1 + m_2 s_2} = \frac{100 \times 0.22 \times 100 + 100 \times 1 \times 10}{100 \times 0.22 + 100 \times 1} = \frac{3200}{122} = 26.2 \text{ (°C)}$$

練習 4-5

將質量 100 g，比熱 0.22 cal/g°C的鋁塊加熱至 100°C後，放入 78 g、10°C的冷水中，若無熱量散失，則系統達熱平衡時的溫度為何？

由公式 $H = ms\Delta T$ 得知：熱量 H 和質量 m 固定時，比熱 s 和溫度變化 ΔT 成反比。所以同質量之不同物質吸收相同的熱時，比熱大者溫度變化小，亦即比熱愈大的物質，要改變它的溫度愈困難。由於水的比熱很大，所以沿海區域比內陸區域的氣溫變化小。

六、熱容量

我們把「物體溫度升高 1℃所需的熱量」定為該物體的**熱容量**(heat capacity)，簡寫為 C，單位為**卡／℃**。根據熱容量定義和比熱的定義，我們可將熱容量視為物質質量和比熱的乘積，亦即：

$$C = ms$$

例如鐵的比熱為 0.113 卡／克℃，代表 1 公克的鐵升高 1℃所需的熱為 0.113 卡，如果是 100 公克的鐵升高 1℃所需的熱則為 $100 \times 0.113 = 11.3$ 卡，此即 100 公克鐵的熱容量，所以說 $C = ms$。若將 $C = ms$ 帶入公式 $H = ms\Delta T$ 中，則得熱量與熱容量關係式：

$$H = C\Delta T \qquad\qquad\qquad \text{熱量與熱容量公式(4-8)}$$

 例題 4-6

質量 500 克的鉛球溫度由 20℃加熱到 80℃所需熱量為 900 卡，試求：(1)此鉛球熱容量為何？(2)鉛的比熱為何？

解

(1) $H = C\Delta T \Rightarrow 900 = C \times (80 - 20) \Rightarrow C = 15$ （卡／℃）

(2) $C = ms \Rightarrow 15 = 500 \times s \Rightarrow s = 0.03$ （卡／克℃）

練習 4-6

質量 100 克的鋁，溫度由 30℃上升至 80℃，共吸熱 1100 卡，則鋁的比熱為多少卡 / 克℃？

4-4　物態變化

一、相變

大部分的物質具有三種狀態，即**固態**、**液態**和**氣態**，例如水的三態分別是冰、水和水蒸氣。物質的三態（也稱三相）互相轉變稱為**相變** (phase transition)，改變**溫度**或改變**壓力**均可能造成相變，例如溫度升高或壓力加大都可能使冰熔化成水。

如圖 4-11，物質由固態變為液態稱為**熔化**(fusion)；由液態變為氣態稱為**汽化**(vaporization)；由固態直接變為氣態稱為**昇華**(sublimation)，這三種相變過程都會**吸熱**。物質由氣態變為液態稱為**凝結**(condensation)或**液化**(liquefaction)；由液態變為固態稱為**凝固**(solidification)；由氣態直接變為固態稱為**凝華**(desublimation)，這三種相變過程都會**放熱**。

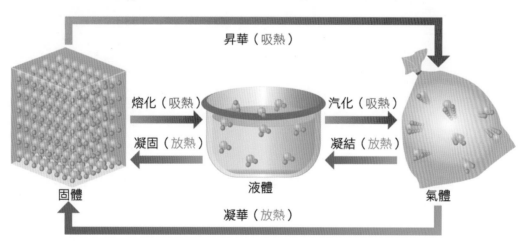

❋ 圖 4-11　相變（向右為吸熱反應，向左為放熱反應）

二、熔點和沸點

在一定的壓力下，逐漸提高一個固態物質的溫度，會發現到某一個溫度時，固體會開始**熔化**成液體，此溫度稱為該物質的**熔點**(melting point)；若是提高一個液態物質的溫度，也會發現到某一個溫度時，液體會開始**汽化**成氣體，此溫度稱為該物質的**沸點**(boiling point)。

反之，在一定的壓力下，逐漸降低一個氣態物質的溫度，會發現到某一個溫度時，氣體會開始**凝結**成液體，此溫度稱為該物質的**凝結點**(liquefaction point)；若是降低一個液態物質的溫度，也會發現到某一個溫度時，液體會開始**凝固**成固體，此溫度稱為該物質的**凝固點**(freezing point)。

由實驗可證實，在相同的壓力下，同一物質的凝固點和熔點相同，凝結點和沸點相同。例如 1 大氣壓下，水的熔點和凝固點都是 0°C，水的沸點和凝結點都是 100 °C。表 4-2 為一些常見物質在 1 大氣壓下的熔點和沸點。

▶ 表 4-2　常見物質在 1 大氣壓下的熔點和沸點

物質	熔點(°C)	沸點(°C)	物質	熔點(°C)	沸點(°C)
水	0	100	水銀	-39	357
氧	-219	-183	鐵	1538	2861
氮	-210	-196	銅	1083	2562
氫	-259	-253	鋁	660	2519
酒精	-114	78	銀	962	2162

三、潛熱

若在定壓下，以一穩定熱源加熱某固態純物質（例如 1 克的冰），則其溫度與熱量變化的關係如圖 4-12 所示。圖中：

1. *ab* 段：固體吸收熱量，溫度逐漸上升。

2. *bc* 段：達熔點，固體逐漸熔化成液體，溫度沒有上升，吸收的熱量用來改變物質的狀態。

3. *cd* 段：液體吸收熱量，溫度逐漸上升。

4. *de* 段：達沸點，液體逐漸汽化成氣體，溫度沒有上升，吸收的熱量用來改變物質的狀態。

5. *ef* 段：氣體吸收熱量，溫度逐漸上升。

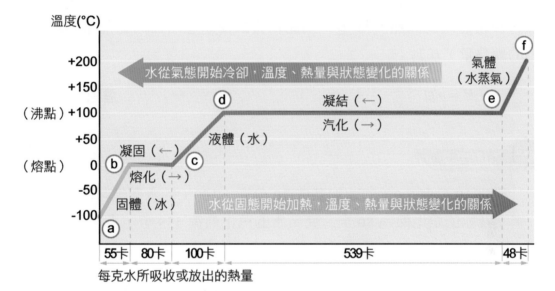

🧩 圖 4-12　水三態變化時，其溫度、熱量與狀態變化的關係

　　由此可知，當物質發生相變時，會有熱量的變化。因為此種熱不產生提升溫度的效果，所以我們將此種熱稱為**潛熱**(latent heat)，熔化熱、汽化熱、凝結熱和凝固熱則是**單位質量的潛熱**。以下分別介紹：

1. **熔化熱**(heat of fusion)：　每 1 公克物質**熔化**所需的熱量。

2. **汽化熱**(heat of vaporization)：每 1 公克物質**汽化**所需的熱量。

3. **凝結熱**(heat of condensation)：每 1 公克物質**凝結**所放出的熱量。

4. **凝固熱**(heat of solidification)：每 1 公克物質**凝固**所放出的熱量。

由實驗可證實，在相同的壓力下，同一物質的熔化熱與凝固熱相等，汽化熱與凝結熱相等。例如 1 大氣壓下，1 公克的冰熔化成同溫度的水需 80 卡的熱量，而 1 公克的水凝固成同溫度的冰會放出 80 卡的熱量，因此水的熔化熱和凝固熱都是 80 卡／克；又 1 大氣壓下，1 公克的水汽化成同溫度的水蒸氣需 539 卡的熱量，而 1 公克的水蒸氣凝結成同溫度的水會放出 539 卡的熱量，因此水的汽化熱和凝結熱都是為 539 卡／克。

假設某物質的質量為 m，單位質量的潛熱（可以是熔化熱、汽化熱、凝結熱或凝固熱）為 Q，則此物質改變狀態所需的總熱量（或所放出的總熱量）H 為：

$$H = mQ$$ 潛熱公式(4-9)

例題 4-7

把 10 公克、0°C的冰加熱成 10 公克、100°C的水蒸氣需吸熱若干卡？（冰的熔化熱為 80 卡／克，水的汽化熱為 539 卡／克）

10 公克、0°C的冰加熱成 10 公克、100°C的水蒸氣共經過以下幾個步驟

(1) 10 公克、0°C的冰變成 10 公克、0°C的水

需熱 $H = mQ = 10 \times 80 = 800$ （卡）

(2) 10 公克、0°C的水變成 10 公克、100°C的水

需熱 $H = ms\,T = 10 \times 1 \times 100 = 1000$ （卡）

(3) 10 公克、100°C的水變成 10 公克、100°C的水蒸氣

需熱 $H = mQ = 10 \times 539 = 5390$ （卡）

因此共需吸熱 $800 + 1000 + 5390 = 7190$ （卡）

練習 4-7

要讓 20 公克、−6℃的冰變成為 10 公克、30℃的水，需加多少熱量？（冰的比熱為 0.55 卡 / 克℃）

4-5 能量轉換與能量守恆

一、能量轉換

如前所述，我們對物體作功，物體會獲得能量。反之，具有能量的物體又可以對其他物體作功，使其他物體獲得能量。也就是說，功與能可以互相轉換。不僅如此，不同形式的能量（如動能、位能、熱能、化學能、電能、…）也是可以互相轉換的，這是能量重要的特性。

二、能量守恆

能量既不會無中生有，也不會憑空消失，只會由一種形式的能量轉換成另一種形式的能量，而能量的總和維持不變，這種關係稱之為**能量守恆**(conservation of energy)。如圖 4-13，當我們從滑梯上方往下滑時，重力位能會減少（因為高度變低），動能會增加（因為速度變快），熱能也增加（因為屁股與斜面摩擦而生熱）。此過程中重力位能轉

❋ 圖 4-13　重力位能轉變為動能和熱能

變為動能和熱能，但能量總和維持不變。

三、力學能守恆

現在讓我們想像一下，若滑梯為完全光滑的斜面，也就是沒有摩擦力，這樣往下滑時就不會產生熱能。這個時候，減少的重力位能便會全部轉換成動能。在沒有摩擦阻力及其他能量損耗的條件下，位能和動能之總和維持不變，這種關係稱之為**力學能守恆**(conservation of mechanical energy)。與力量有關的能量稱為力學能，包括動能、重力位能、彈力位能等。

4-6　能量的有效利用與節約

一、能源

能夠提供能量的資源稱為**能源**，能源可分成**非再生能源**和**再生能源**。非再生能源是指在短期內無法再生，會被耗盡的能源，例如煤、石油、天然氣和天然鈾礦等都是非再生能源。再生能源則是指短期內可再生，不虞匱乏的能源，例如太陽能、風力能、地熱能等都是再生能源。

二、生活中常見的能源

日常生活中，家中各種電器使用的是電能，烹煮食物是靠瓦斯的化學能，洗澡使用的太陽能熱水器靠的是太陽能。以下介紹這三種生活中最常見的能源。

1. 電能

電能是日常生活中最方便使用、也是最普遍的能源，因為電能與其他能量很容易互相轉換。通常，我們會先將能量轉換成容易利用的電能，例如水力發電是重力位能轉換成電能；火力發電是化學能轉換成電能；核能發電是核能轉換成電能。電器用品再將電能轉換成各種能量供

我們使用，例如電風扇是將電能轉換成動能；電鍋是將電能轉換成熱能；電燈是將電能轉換成光能，如圖 4-14 所示。

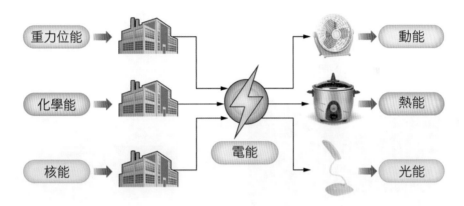

🧩 圖 4-14　電能與其他能量之轉換

2. 化學能

　　日常生活中，我們經常利用煤、石油、天然氣等化石燃料的化學能。例如直接燃燒煤炭、天然氣（俗稱瓦斯），將化學能轉換成熱能來烹煮食物，如圖 4-15；或利用石油的化學反應產生高熱來推動活塞，使引擎運轉，將化學能轉換成動能使車輛行進，如圖 4-16。

🧩 圖 4-15　瓦斯爐將化學能轉換成熱能

🧩 圖 4-16　汽車將化學能轉換成動能

3. 太陽能

　　日常生活中，很多家庭利用太陽能熱水器（圖 4-17），將太陽能轉換成水的熱能來洗澡。另外，太陽能計算機、太陽能路燈（圖 4-18）、太陽能屋（圖 4-19）、太陽能電動車（圖 4-20）等，都是利用太陽能電池，將太陽能轉換成電能供我們使用。

✿ 圖 4-17　太陽能熱水器

✿ 圖 4-18　太陽能路燈

✿ 圖 4-19　太陽能屋

✿ 圖 4-20　太陽能電動車

三、能源危機

　　目前世界上的能源主要是來自煤、石油與天然氣等**化石燃料**。這些化石燃料是遠古生物殘骸在地底下，歷經數百萬年高溫、高壓及細菌分解所形成。化石燃料蘊藏量有限，而且短期內無法再補充，因此會有用完的時候。

西元 1974~1978 年，中東產油國突然減少石油供應，導致油價暴漲及經濟重挫，造成世界性的能源危機。台灣缺乏自產能源，97%以上須仰賴進口。為避免石油問題再度衝擊經濟，我們除了要積極開發再生能源（如太陽能、風力能、地熱能和海洋能等）以外，更要有效利用能源和節約能源。

四、能量的有效利用

要如何有效利用能源，提高能源使用效率呢？舉例如下：

1. 盡量回收可能散失的能量，例如**汽電共生**(cogeneration)系統。所謂汽電共生系統是利用發電後的蒸氣用於工業製造（先發電式汽電共生），或是利用工業製造的廢熱發電（後發電式汽電共生系統），達到有效利用能源的目的，如圖 4-21。

(1)先發電式汽電共生系統(Topping Cycle)

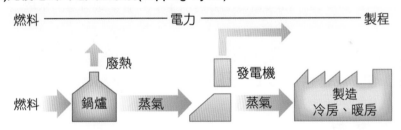

(2)後發電式汽電共生系統(Bottoming Cycle)

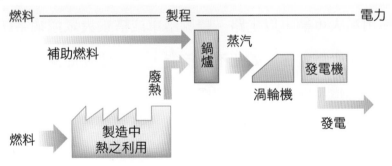

✤ 圖 4-21　汽電共生系統

2. 電力的有效調度。例如明潭下的大觀發電廠會在深夜用電量較少的離峰時間，利用所剩的電能，把水從下游的水壩抽取到高處的水庫，把電能變成重力位能。等到白天用電的尖峰時間，再由水庫放水發電，把重力位能變回電能，這樣就不會因為過多電能無法儲存而造成浪費（圖 4-22）。

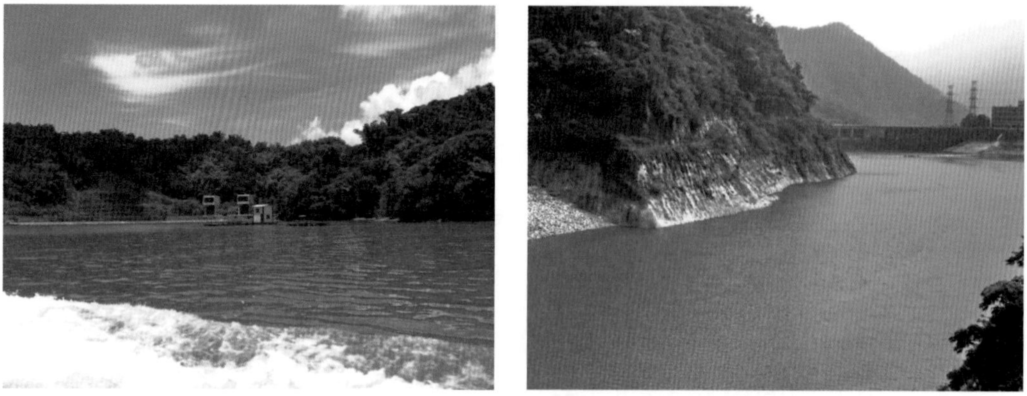

(a) (b)

圖 4-22 (a)發電廠上方的水庫；(b)發電廠旁邊的水壩

3. 採用高能源效率之電器。例如採用日光燈、省電燈泡或 LED 燈代替傳統燈泡，或是選用高 EER(Energy Efficiency Ratio)值的冷氣等。

五、節約能源

日常生活中，要如何節約能源？舉例如下：

1. 減少使用私人車輛，以走路、騎腳踏車或搭乘大眾運輸系統替代。
2. 多走樓梯、少搭電梯，如此不僅節能，還可運動健身。
3. 養成隨手關燈、關電扇的好習慣。
4. 冷氣溫度不需調到太低，可使用電扇輔助。
5. 減少開冰箱門的次數和時間。
6. 以淋浴代替沐浴。

摘 要

4-1 能與力的關係

1. 對物體作多少功，物體就會獲得多少能量；物體減少多少能量，就能對外界做多少功。

2. 若以定力 F 對物體施力，而且物體沿施力方向之位移為 S，則施力對物體作功 $W = FS$。

3. 功的 SI 制單位是**牛頓‧公尺(N‧m)**，也稱為**焦耳(J)**。

4-2 能量的型態

4. 若物體質量為 m，速度為 v，則其動能 $E_k = \dfrac{1}{2}mv^2$。

5. 若物體質量為 m、離地面高度為 h、其所在位置之重力加速度為 g，則其對地面的**重力位能** $U_g = mgh$。

6. **動能**和**位能**合稱為**力學能**或**機械能**。

7. 因為受熱而具有作功能力的能量稱為**熱能**。

8. 反抗靜電力而對電荷所作的功，會轉換成電荷的**電位能**（簡稱為**電能**）。

9. 光是電磁波的一種，其輻射所具有的能量稱為**光能**。

10. 儲存在物質內部化學結構的能量稱為**化學能**。

11. 當物質發生化學變化而產生化學結構的改變時，將會釋放出化學能。

12. 儲存在原子核內的能量，稱為**核能**。

13. 當原子核的結構發生變化時（此稱為核反應），便會釋放出巨大的能量。

4-3　溫度與熱量

14. **溫度**：用來表示物體**冷熱程度**的物理量。

15. **熱平衡**：將兩個冷熱程度不同的物體互相接觸，經過一段時間之後，較熱的物質會漸漸變冷，較冷的物質會漸漸變熱，直到兩物體達到相同的溫度為止。

16. 三種溫標之比較

	水的冰點	水的沸點
攝氏溫標	0℃	100℃
華氏溫標	32°F	212°F
絕對溫標	273.15 K	373.15 K

17. 攝氏溫標(T_C)與華氏溫標(T_F)之換算關係式為：$T_F = \dfrac{9}{5}T_C + 32$。

18. 攝氏溫標(T_C)與絕對溫標(T)之換算關係式為：$T = T_C + 273.15$。

19. 熱不是一種物質，而是能量的一種形式。

20. **1 卡**：使 1 公克的水升高 1℃，所需的熱量。

21. **比熱**：1 公克的物質，溫度升高 1℃所需的熱量。

22. 熱量與比熱量公式：$H = ms\Delta T$

23. **熱容量**：整個物體升高 1 度所需的熱量。

24. 熱量與熱容量公式：$H = C\Delta T$

4-4　物態變化

25. 物質由固態變為液態稱為**熔化**，由液態變為氣態稱為**汽化**，由固態直接變為氣態稱為**昇華**，這三種相變過程都會**吸熱**。

26. 物質由氣態變為液態稱為**凝結**或**液化**；由液態變為固態稱為**凝固**；由氣態直接變為固態稱為**凝華**，這三種相變過程都會**放熱**。

27. 正在熔化的溫度稱為**熔點**；正在凝固的溫度稱為**凝固點**。在相同的壓力下，同一物質的**熔點和凝固點相同**。

28. 正在沸騰的溫度稱為**沸點**；正在凝結的溫度稱為**凝結點**。在相同的壓力下，同一物質的**沸點和凝結點相同**。

29. 每 1 公克物質熔化所需的熱量稱為**熔化熱**；每 1 公克物質凝固所放出的熱量稱為**凝固熱**。在相同的壓力下，同一物質的**熔化熱與凝固熱相等**。

30. 每 1 公克物質汽化所需的熱量稱為**汽化熱**；每 1 公克物質凝結所放出的熱量稱為**凝結熱**。在相同的壓力下，同一物質的**汽化熱與凝結熱相等**。

31. 熱量 H 與單位質量的潛熱 Q（熔化熱、汽化熱、凝結熱或凝固熱）之關係為 $H = mQ$。

4-5　能量轉換與能量守恆

32. 在沒有摩擦阻力及其他能量耗損的條件下，位能和動能之總和維持不變，這種關係稱為**力學能守恆**。

33. 能量既不會無中生有，也不會憑空消失，只會由一種形式的能量轉換成另一種形式的能量，而能量的總和維持不變，這種關係稱為**能量守恆**。

4-6　能量的有效利用與節約

34. 能夠提供能量的資源稱為能源，能源可分成非再生能源和再生能源。

35. 汽電共生系統是利用發電後的蒸氣用於工業製造（先發電式汽電共生），或是利用工業製造的廢熱發電（後發電式汽電共生系統），達到有效利用能源的目的。

36. 電力的有效調度：在深夜用電量較少的離峰時間，利用所剩的電能，把水從下游的水壩抽取到高處的水庫，把電能變成重力位能。

37. 採用高能源效率之電器可使能源更有效利用。

習題

一、選擇題

( ) 1. 某人提質量 5kg 的物體在車站站立候車 10 分鐘，此人作功多少焦耳？ (A) 0 (B) 50 (C) 490 (D) 3000。

( ) 2. 質量 5kg 之物體置於光滑水平面上，以 50 牛頓之水平力推行 20 公尺，則此力作功多少焦耳？ (A) 1000 (B) 500 (C) 250 (D) 0。

( ) 3. 一傘兵跳傘，正以等速度降落，在此過程中傘兵的動能與重力位能作何變化？ (A)動能漸增，位能漸少 (B)動能不變，位能減少 (C)動能及位能之總和不變 (D)動能減少，位能減少。

( ) 4. 一塊小石頭被垂直拋到空中，然後落地。對此過程之敘述，何者正確？ (A)石塊在最高點時，位能最大 (B)石塊上升時，力學能持續增加 (C)石塊在落地瞬間，力學能最大 (D)石塊落地時，加速度最大。

( ) 5. 下列何者不屬於力學能？ (A)重力位能 (B)彈力位能 (C)熱能 (D)動能。

( ) 6. 華氏 100 度等於攝氏若干度？ (A)36.8℃ (B)37.8℃ (C)38.8℃ (D)39.8℃。

( ) 7. 當甲、乙兩物體互相接觸時，若熱量由甲物體傳至乙物體，則表示甲物體一定具有 (A)較高的溫度 (B)較大的密度 (C)較大的比熱 (D)較多的質量。

( ) 8. 100g 之銅塊溫度由 10℃上升至 100℃需吸收 837 卡，則銅的比熱為若干 cal/g℃？ (A) 0.01 (B) 0.093 (C) 0.1 (D) 0.039。

（　）9. 有甲、乙兩物體，已知甲物體質量 100 公克，吸熱 200 卡時溫度可升高 20℃，乙物體質量 200 公克，吸熱 300 卡時溫度也可升高 20℃，則甲乙兩物體的比熱之比為何？　(A) 1：2　(B) 2：1　(C) 2：3　(D) 4：3。

（　）10. 水龍頭的冷水為 20℃、熱水為 80℃，如果我們想用 40℃的溫水洗澡，其所需冷熱水體積比為何？　(A) 1：2　(B) 2：1　(C) 1：3　(D) 3：1。

（　）11. 正在熔化的冰塊，下列敘述何者正確？　(A)放出熱量，溫度降低　(B)放出熱量，溫度不變　(C)吸收熱量，溫度升高　(D)吸收熱量，溫度不變。

（　）12. 0℃的冰塊 20 克，投入 50℃的水 100 克中，結果　(A)部分冰塊熔化，水溫降低　(B)部分冰塊熔化，水溫不改變　(C)全部冰塊熔化，水溫降低　(D)全部冰塊熔化，水溫不改變。

（　）13. 水力發電是將何種能量轉換成電能？　(A)核能　(B)化學能　(C)太陽能　(D)力學能。

二、填充題

1. 力學能包括_____能和_____能。

2. 熱不是一種物質，而是_____的一種形式。

3. 「使 1 公克的水升高 1℃，所需的熱量」稱為該物質的_____。

4. 「整個物體溫度升高 1℃所需的熱量」稱為該物體的_____。

5. 能量既不會無中生有，也不會憑空消失，只會由一種形式的能量轉換成另一種形式的能量，而能量的總和維持不變，這種關係稱為_____。

三、計算題

1. 質量 50 公克的槍彈以 1000 公尺／秒的速度前進時,其動能為多少焦耳?

2. 把 10 克−10℃的冰熔化為 100℃的水,共需 1850 卡的熱量,則冰的比熱為何?

Chapter 05

聲與光

學習目標

1. 能瞭解波的傳播原理及波的種類。

2. 能說出聲波如何產生及如何傳播。

3. 能瞭解回聲的意義及應用。

4. 能說出樂音的三要素。

5. 能瞭解光的反射定律。

6. 能說出平面鏡的成像性質。

7. 能說出凹面鏡和凸面鏡的成像法則和成像性質。

8. 能瞭解光的折射現象。

9. 能說出凸透鏡和凹透鏡的成像法則和成像性質。

5-1 波的現象

如圖 5-1，將一小石塊投入平靜的水池中，會見到落石處激起陣陣水圈向外傳播，此為**水波**，但仔細觀察水面上的樹葉，發現樹葉只在原處上下起伏，並未隨波前進，這表示水分子本身只是上下振動，並沒有隨著波形前進。

❈圖 5-1　水波

如圖 5-2，將一條細長繩子的右端固定在牆上並將繩拉直，左端以手提起再回到原位，使繩子在近手處產生一個波動，我們發現此波動將沿著繩子向右傳播出去，此為**繩波**。若在繩上某處繫上紅布條，當波動到來時，紅布條隨波做上下振動，波通過後，紅布條仍留在原處。

由以上所觀察到的水波和繩波，我們發現「物質的一部分受到擾動時，其鄰近的各部分也會興起相同的擾動，而使波形（能量）向外傳遞」，此現象稱為**波動**(wave motion)。經由以上的觀察，我們發現波可以傳播能量，但不能傳送物質。

傳遞波的物質稱為**介質**(medium)，例如水波以水為介質，繩波以繩子為介質，聲波一般以空氣為介質，而引起波動的外力或擾動裝置稱為**波源**。常見的波有**力學波**(mechanical wave)和**電磁波**(electromagnetic wave)：

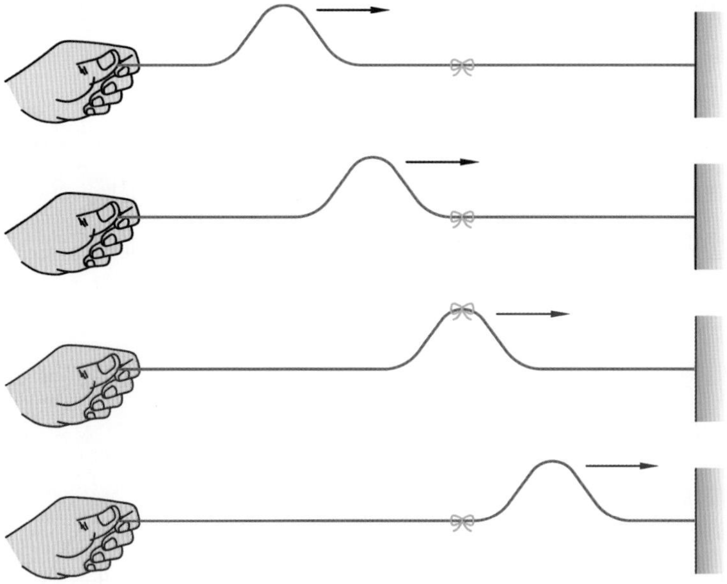

圖 5-2　繩波

1. 力學波：只能在介質中傳播，水波、繩波、聲波等皆是力學波。
2. 電磁波：不需依靠介質傳播，光波、無線電波等皆是電磁波。電磁波是靠電場和磁場的交互變化而將波傳播出去，如圖 5-3，而且電磁波在真空中的傳播速率皆為 3×10^8 m / s。

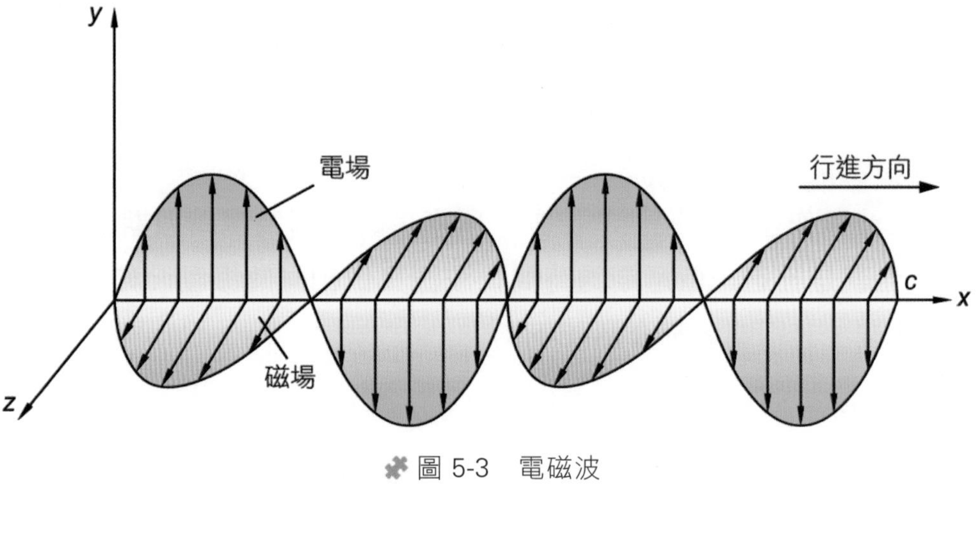

圖 5-3　電磁波

　　另外，我們根據介質（或場）振動方向和波的行進方向的關係，將波分為橫波和縱波：

1. 橫波：如圖 5-4，介質（或場）振動方向與波的行進方向垂直的波稱為橫波(transverse wave)，如繩波、電磁波等。如圖 5-3 所示之電磁波，其電場、磁場之振動方向，皆與波的行進方向垂直，所以電磁波是橫波。

2. 縱波：如圖 5-5，介質（或場）振動方向與波行進方向平行的波稱為縱波(longitudinal wave)，如聲波、彈簧波等。

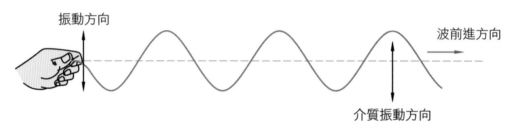

✖ 圖 5-4　橫波

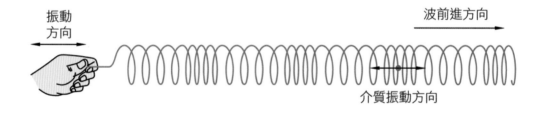

✖ 圖 5-5　縱波

　　如果波源作連續週期性的振動，所產生的波稱為**連續週期波**(periodic wave)，也就是經過一個週期的時間，波源又做相同的振動。如圖 5-6 之連續週期波，其相關名詞介紹如下：

1. 波峰與波谷：橫波波形的最高點稱為波峰，最低點稱為**波谷**。

2. 波長：「相鄰兩波峰（或相鄰兩波谷）間的距離」稱為**波長**(wavelength)，簡記為 λ（希臘字母，唸作 lambda）。如圖 5-6，一個

完整的波包括一個波峰、一個波谷，其左端到右端的距離，也是一個波長。

3. 振幅：「平衡位置至波峰或波谷的距離」稱為**振幅**(amplitude)。

4. 週期：「介質完整振動一次所需的時間」稱為**週期**(period)，簡記為 T，單位為秒。振動一次，可產生一個完整的波，介質中的質點每振動一次，經歷 4 個振幅，例如：平衡點→波峰→平衡點→波谷→平衡點，算是振動一次。在一個週期的時間裡，波前進一個波長的距離。

5. 頻率：「介質每秒振動的次數」稱為**頻率**(frequency)，簡記為 f，單位為赫茲(hertz)，簡稱為赫(Hz)。

6. 波速：「波傳播的速率」稱為**波速**，簡記為 v。力學波之波速會受到介質狀態的影響，也就是相同的介質狀態有相同的波速，不同的介質狀態有不同的波速。例如水波的波速和水的深淺有關，水愈深，波速愈快。而繩波的波速與繩子的鬆緊度有關，愈緊的繩子，波速愈快。

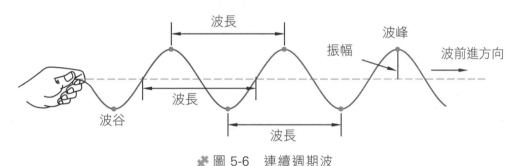

❋ 圖 5-6　連續週期波

由週期和頻率的定義可知：週期和頻率互為倒數。例如某週期波，其介質每秒振動 5 次，則介質振動 1 次需 $\frac{1}{5}$ 秒，所以頻率為 5 赫茲，週期為 $\frac{1}{5}$ 秒，兩者互為倒數，以數學式表示如下：

$$T = \frac{1}{f} \text{ 或 } f = \frac{1}{T} \qquad\qquad 週期和頻率公式(5\text{-}1)$$

　　我們觀察波在傳播時，每經過一個週期的時間，波即前進一個波長的距離，所以波速等於波長（距離）除以週期（時間），又因為週期與頻率互為倒數，所以波速也等於頻率乘以波長。如果一個連續週期波的波速為 v，波長為 λ，週期為 T，頻率為 f，則波速可以下式表示：

$$v = \frac{\lambda}{T} = f\lambda$$
波速公式(5-2)

由上式 $v = f\lambda$ 可知，在相同的介質狀態之下，波速為 v 定值，此時頻率 f 和波長 λ 成反比。也就是振動得愈快頻率愈高，波長愈短。例如振動相同的繩子，波長愈短的代表振動得愈快，如圖 5-7。

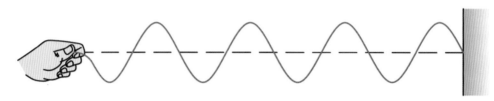

(a) 震動越快頻率越高，波長越短

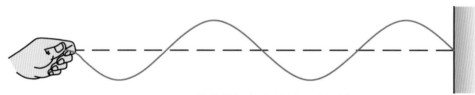

(b) 震動越慢頻率越低，波長越長

✿ 圖 5-7　頻率與波長

例題 5-1

　　水波槽實驗中，每 0.2 秒產生一個波動時，所測得波長為 3 公分，則其傳播速率為何？

解

$$v = \frac{\lambda}{T} = \frac{3}{0.2} = 15 \quad (\text{cm/s})$$

> **練習 5-1**
>
> 中廣公司第一台之廣播頻率為 720 千赫，其波長為何？

5-2 聲音的發生與傳播

　　如圖 5-8，我們敲擊一音叉，會聽到音叉所發出的聲音。聲音的產生是由於聲源（音叉）迅速振動，推擠空氣分子，使空氣產生疏密相間隔的**疏密波（縱波）**而向外傳播。聲波傳播到耳朵時，會使耳膜隨之振動，此振動訊息會傳至大腦而使我們產生聽覺。

❋ 圖 5-8　聲波在空氣中的傳播

　　人類所能聽到的聲波頻率範圍是有限的，約在 20 赫到 20,000 赫之間。頻率低於 20 赫的波稱為**聲下波**(infrasound)，例如鯨魚或大象可發出聲下波。頻率超過 20,000 赫的聲波稱為**超聲波**(ultrasound)或**超音波**，例如蝙蝠可發出超聲波並聽到反射的超聲波，以便於在夜間飛行並捕捉食物。

聲波需介質才能傳播，屬於**力學波**。除了空氣可以傳播聲音之外，液體、固體也都可以傳播聲音。表 5-1 為幾種常見物質 20°C 時的傳聲速度。一般而言，固體傳聲速度最快，液體次之，氣體最慢。

▶ 表 5-1　幾種常見物質 20°C 時的傳聲速度

物質	傳聲速度（公尺／秒）	物質	傳聲速度（公尺／秒）
空氣	343	銅	3500
氫氣	1330	鐵	5000
水	1350	石英	6000

由於人類生活在大氣中，因此聲音在空氣中的傳播速度是最早被科學家所測得。空氣的傳聲速度會隨當時的溫度、氣壓、風速、溼度之變化而有所不同，其中又以氣溫之影響最大。在 1 大氣壓、無風、乾燥、0°C 的空氣中，其聲速為 331 m/s，溫度每升高 1°C 聲速約增加 0.6 m/s，假設氣溫為 T°C，則聲速與氣溫的關係式如下：

$$v = 331 + 0.6T$$
　　　　　　　　　　　　　　　　　　聲速與氣溫關係公式(5-3)

聲波遇到障礙物時會反射，反射回來的聲音稱為**回聲**(echo)或**回音**，雷聲會隆隆不絕，就是聲波在雲層與地面之間不斷反射的結果。大致來說，回聲與原聲之間隔需在 0.1 秒以上，人耳才能辨別，因此若氣溫為 15°C，人必須距離障礙物 17 公尺以上（見例題 5-2），才能聽到回聲。平常在室內不容易察覺有回聲便是由於聲源與障礙物距離太短。

回聲的現象可運用來探測物體的距離。船隻航行海上，會利用**聲納**來探測海底深度或魚群位置（如圖 5-9）。聲納是一種發出聲波或超音波及接收回聲的裝置。聲納發出的超音波經由海裡障礙物反射回到船上的聲納，只要測量發出聲波到接收聲波的時間，即可算出船隻與障礙物的距離。醫生常用超音波儀器為孕婦作產前檢查（如圖 5-10），其原理也是

利用超音波的反射，來偵測胎兒在母體內的情形，超音波儀器會將反射
資料轉換成影像資料並顯示在螢幕上，以利醫生診斷。

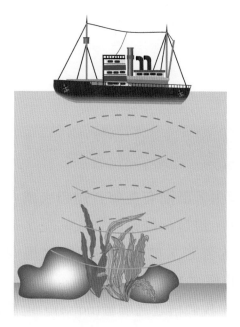

※ 圖 5-9　聲納

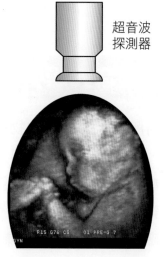

超音波
探測器

※ 圖 5-10　超音波儀器

 例題 5-2

　　假設回聲與原聲之間隔需在 0.1 秒以上才能察覺，則氣溫為 15°C
時，人與障礙物距離至少多遠，才能聽到回聲？

解

氣溫 15°C 時聲速：$= 331 + 0.6T = 331 + 0.6 \times 15 = 340$ (m/s)

假設 0.1 秒恰好聽到回聲，則聲音所行距離為 $340 \times 0.1 = 34$ (m)，此
為來回之距離，所以人與障礙物的距離至少需 $34 \div 2 = 17$ (m)，才能
聽到回聲。

練習 5-2

船隻航行海上，利用聲納來探測海底深度，已知海水的傳聲速度為 1350 m/s，結果測出聲納發出聲波到接收聲波的時間為 4 秒，則海底深度為何？

<h2>5-3　樂音與噪音</h2>

如前所述，聲音是由物體振動而產生，然而有些聲音聽起來讓人覺得愉悅，有些聲音聽起來讓人覺得刺耳。這是什麼原因造成的呢？這是因為有些聲音是經由規則振動而產生的聲音，如此耳膜便隨之規則振動，此聲音讓人聽起來覺得愉悅，我們稱之為**樂音**(musical sound)。反之，若聲音讓人聽起來覺得刺耳不舒服，我們稱之為**噪音**(noise)，包括經由不規則振動而產生的聲音，或者是音調太高、響度太大等。若從物理學來分析聲音，聲音有三個要素：響度、音調、音色。以下分別討論之：

<h3>一、響度</h3>

如果我們用力敲鼓，鼓面會產生較大的振動，我們也會聽到比較大的聲音。我們將聲音的大小聲稱為**音量**，或稱為**響度**(loudness)。響度主要由聲波的振幅來決定，用力敲鼓，鼓面就產生較大的振動幅度，聲音聽起來就比較大聲。發音體的振幅愈大，產生的能量就愈大，聲音聽起來愈大聲。

另外我們也發現，離鼓愈遠，聽到的鼓聲就愈小聲。那是因為聲音會向四面八方傳送，使得聲音的能量分散，所以較遠處聽到的聲音就變得比較小聲了。

習慣上，我們以「**分貝**」(decibel)表示聲音響度的「強度階」，響度愈大，分貝數就愈多。分貝的訂定是把人耳所能聽到的最小聲音能量定為 0 分貝，然後再以此聲音能量為標準，響度每增加 10 分貝，即表示聲音的強度增強 10 倍。依此標準，10 分貝的聲音能量是 0 分貝聲音能量的 10 倍，而 20 分貝的聲音能量也是 10 分貝聲音能量的 10 倍，所以 20 分貝的聲音能量是 0 分貝聲音能量的 100 倍，以此類推。常聽到的各種聲音響度分貝值列於下表 5-2。

▶ 表 5-2　常聽到的各種聲音強度階

聲音來源	分貝值	聲音能量強度
人類聽覺的下限	0	1
樹葉沙沙聲	10	10^1
輕聲細語	20	10^2
圖書館	30	10^3
臥室	40	10^4
冷氣機（距離 3 公尺）	50	10^5
正常交談聲（距離 1 公尺）	60	10^6
吸塵器（距離 3 公尺）	70	10^7
果菜榨汁機（距離 3 公尺）	80	10^8
氣壓鑽孔機（距離 3 公尺）	90	10^9
噴射機（距離 30 公尺）	100	10^{10}
打雷聲	110	10^{11}
搖滾樂團演奏（喇叭旁邊 1 公尺）	120	10^{12}

經由不規則振動而產生的噪音不僅令人難受，其強度太大或是接觸時間太長，還會造成永久性的聽覺傷害。一般而言，長時間感受超過 85 分貝的聲音，對聽力即有傷害，而 120 分貝的聲音會立刻造成耳朵疼痛，如果是超過 160 分貝的聲音甚至有可能直接造成耳聾，所以我們要特別小心巨大聲音所造成的聽覺傷害。噪音不僅會對聽覺造成直接傷害，人們若長期處於噪音之中，還會引發消化不良、神經衰弱及心臟血

管等疾病。為維護居家環境的安寧，我國法規規定在住宅區的音量，白天須低於 60 分貝，夜晚須低於 50 分貝。

二、音調

我們若同時敲打大鼓和敲打小鼓，是否能分辨這兩種聲音呢？我們發現大鼓的聲音比較低沉，小鼓的聲音比較高亢。若我們研究鼓面的振動，會發現大鼓鼓面振動得比較慢，小鼓鼓面振動得比較快。

我們把聲音的高低音稱為音調(pitch)，音調是由聲波的頻率來決定，頻率愈大，音調就愈高，聲音聽起來愈高亢；反之，頻率愈小，音調就愈低，聲音聽起來就愈低沉。人類發聲的頻率範圍約在 85~1100 赫之間，一般男生的聲音頻率較低，約為 95~142 赫，而女生的聲音頻率較高，約為 272~558 赫。

三、音色

如果你正在欣賞樂隊的表演，你是否能聽得出來裡面有哪幾種樂器在演奏呢？其實，不同的樂器有不同的聲音特色，我們把聲音的特色稱為音色或音品(quality)，我們如果以示波器來接收不同的樂器聲音，我們將會發現每種樂器有其特定的波形，如下圖 5-11 所示。

其實，大部分的樂器所發出的聲音並不是單一頻率，而是由好幾種頻率的聲音組合而成。其中有一個頻率最低的聲音，我們稱它為基音(fundamental tone)，其他的聲音頻率都是基音頻率的整數倍，我們將這些聲音稱為泛音(overtone)，如果將這些音波以不同的比率混合，就會形成不同的波形，進而產生不同的音色。而混合的聲音頻率其實就是基音的頻率，所以基音的頻率就決定了聲音的音調。如圖 5-11 中，音叉、小提琴和鋼琴發出同一音調的聲音，其基音頻率都是 440Hz，但是它們所含的泛音強度分布並不相同。

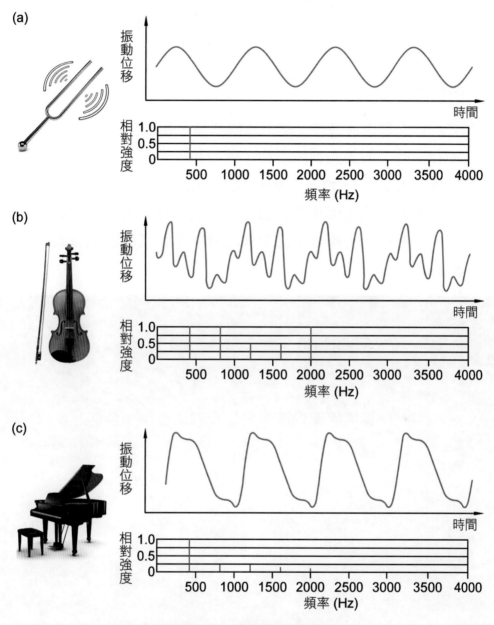

�֍ 圖 5-11 各種樂器之波形

5-4 光的反射及面鏡成像

一、光的反射

　　光在均勻介質中傳播時，都以直線傳播，如圖 5-12，所以光又稱為**光線**。光行進時，如果遇到障礙物（例如鏡子）或是遇到不同介質（例如光從空氣進入水中），會有一部分返回到原來的介質中，這就是光的**反射現象**。反射光的強度隨物體表面性質而異，例如鍍銀的玻璃面或光滑的金屬面，其照射的光線幾乎完全被反射，但普通的玻璃面或水面僅能反射部分的光線。

✿ 圖 5-12　光在均勻介質中以直線傳播

二、反射定律

　　如圖 5-13 所示之反射實驗，一束白色強光射到平坦的反射面上，由圓盤的刻度可以讀取入射角和反射角。圖 5-14 為反射實驗的示意圖，圖中射向反射面的光線稱為**入射線 *I***(incident ray)，由反射面反射的光線稱為**反射線 *R***(reflected ray)，入射線與反射面的交點稱為**入射點 *O***(point of incidence)，通過入射點且與反射面垂直的線稱為**法線 *N***(normal)；入射線與法線的夾角 稱為**入射角 *i***(angle of incidence)，反射線與法線的夾角稱為**反射角 *r***(angle of reflection)。由反射實驗可知，光反射時必定遵守下述的**反射定律**(law of reflection)：

1. 入射線與反射線分別位於法線的兩側，且三者在同一平面上。

2. 入射角 *i* 等於反射角 *r*。

❋ 圖 5-13　反射定律實驗

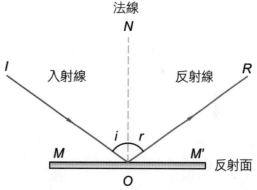

❋ 圖 5-14　反射定律

三、單向反射及漫射

　　如圖 5-15(a)所示，一束平行的入射光線，如果遇到光滑平坦的表面，由反射定律可知，其反射光仍平行，此種有規則的反射稱為**單向反射**(regular reflection)。如圖 5-15(b)所示，一束平行的入射光線，如果遇到凹凸不平的表面，則其反射光沒有固定的方向，此種不規則的反射稱

為**漫射**(diffused reflection)。漫射時，在每一個微小的表面處，入射線與反射線仍遵守反射定律，但各微小表面處的法線方向並不相同，所以反射的光線也不在同一方向。非發光體本身並不能發射光線，但藉著其表面對光的漫射，使我們能在任意方向看到它們的存在。由於地球大氣層中的氣體分子能將太陽光往各方向漫射，我們才能看到天空的亮光，如圖 5-16。而月球上因為沒有大氣層，所以在月球上所看到的天空是黑暗的，如圖 5-17。

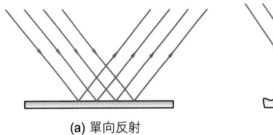

(a) 單向反射   (b) 漫射

✿ 圖 5-15 　單向反射和漫射

✿ 圖 5-16 　地球大氣層中的氣體分子能將太陽光往各方向漫射，因此我們白天看到的天空是亮的

✿ 圖 5-17 　月球上因為沒有大氣層，所以在月球上白天所看到的天空是暗的

四、平面鏡成像

日常生活中，我們會照鏡子來整理服裝儀容，而我們所照的鏡子之鏡面是平面，稱之為**平面鏡**(plane mirror)，如圖 5-18。平面鏡是利用光的反射原理使我們看到物體的影像。

✽ 圖 5-18 平面鏡

如圖 5-19 所示，放在平面鏡前方的蠟燭，其燭焰 A 所發出的入射光 AO 和 AO'，經平面鏡反射後，其反射光 OB 和 $O'B'$ 射向位於 B 和 B' 間的眼睛。眼睛的直覺告訴我們，燭焰位於 OB 和 $O'B'$ 反向延伸的交點 A' 處。若將眼睛移到 C 和 C' 間，則射入眼睛的反射光是 PC 和 $P'C'$，這兩條線反向延伸的交點仍是 A' 處。因此，不論眼睛在鏡前何處，都會看到燭焰 A 的像在 A' 處。因為 A' 不是實際光線交會而成，所以稱為**虛像**(virtual image)。根據光的反射定律及圖上的幾何關係，可得下列**平面鏡成像性質**：

1. 像與原物體大小相等，即**像長＝物長**，如圖 5-19。

2. 像到鏡面的距離，等於物到鏡面的距離，即**像距＝物距**，如圖 5-19。

3. 當鏡面垂直於地面時，像與原物**左右相反**，**上下不顛倒**，如圖 5-20。

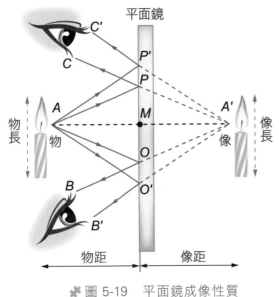

❖ 圖 5-19　平面鏡成像性質

❖ 圖 5-20　像與原物左右相反，上下不
　　　　　顛倒

 例題 5-3

　　某人身高 170 公分，他的眼睛離頭頂 12 公分，若此人想看到全
身的影像，試求鏡子至少需要多長？

解

　　如下圖所示，人要看到全身的像，鏡長至少需 $\overline{ab}$，由於 $\triangle ABC$ 之兩
邊中點連線應為底邊的一半，所以

$$\overline{ab} = \frac{1}{2}h = \frac{1}{2} \times 170 = 85 \text{（公分）}$$

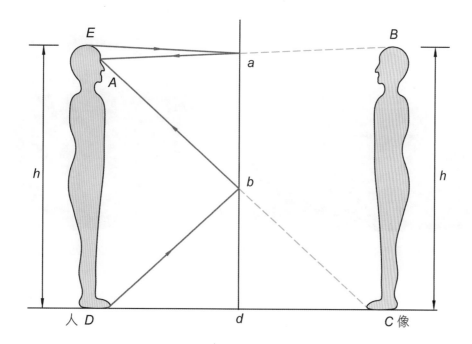

練習 5-3

承例題，鏡子底部需離地面多高？

五、凸面鏡與凹面鏡

除了平面鏡以外，日常生活中我們也使用**凸面鏡**(convex mirror)和**凹面鏡**(concave mirror)，例如路口轉彎處豎立的**凸面鏡**（如圖 5-21），以及梳妝用的**凹面鏡**（如圖 5-22）。

圖 5-21　凸面鏡

圖 5-22　凹面鏡

　　如圖 5-23 所示之凹面鏡，一束平行且接近於主軸的入射光線射向凹面鏡後，根據光的反射定律或實際做實驗的結果，發現反射後的光線都會通過主軸上的一點 F，此點稱為凹面鏡的**實焦點**(real focus)。因為凹面鏡能夠會聚光線，所以凹面鏡又稱為**會聚面鏡**。

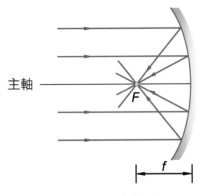

(a)凹面鏡的實焦點

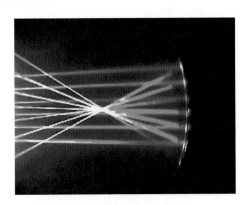

(b)凹面鏡能夠會聚光線

圖 5-23　凹面鏡

　　如圖 5-24 所示之凸面鏡，一束平行且接近於主軸的入射光線射向凸面鏡後，根據光的反射定律或實際做實驗的結果，發現反射後的光線會發散，但這些反射的光線卻都好像從鏡內的 F 點發射出來的，此點稱為凸面鏡的**虛焦點**(virtual focus)。因為凸面鏡能夠發散光線，所以凸面鏡又稱為**發散面鏡**。

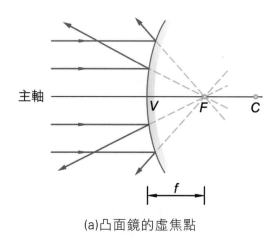

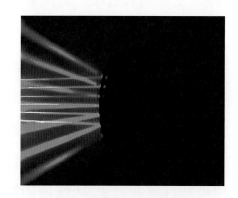

(a)凸面鏡的虛焦點   (b)凸面鏡能夠發散光線

✴ 圖 5-24　凸面鏡

　　如圖 5-25，將一物 $\overline{OP}$ 置於球面鏡前，由 P 點所發射出來的許多入射光線，根據反射定律，經球面鏡反射後，其所有反射光線（或其延長線）都會相交於一點 J，J 點稱為 P 點的**像**(image)。圖中我們以實線表示光線的真實路徑，虛線表示其延長線，若以作圖法則來尋找成像位置，將有以下幾點球面鏡成像的**作圖法則**（請對照圖 5-25，括弧部分為凸面鏡之反射）：

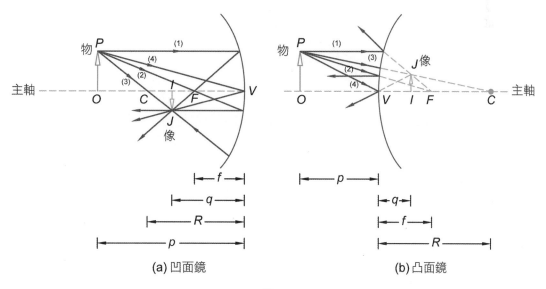

(a) 凹面鏡　 (b) 凸面鏡

✴ 圖 5-25

1. 平行主軸的入射線，其反射線（或反射線的延長線）會通過焦點 F。

2. 通過（或其延長線通過）焦點 F 的入射線，其反射線平行主軸。

3. 通過（或其延長線通過）曲率中心 C 的入射線，其反射線沿原路徑返回。

4. 射向鏡頂的入射線，其反射線與入射線對稱於主軸。

　　在上述四條光線中，任選兩條就可找到物點 P 的像點 J，再由 J 點向主軸畫垂直線 $\overline{IJ}$，此 $\overline{IJ}$ 就是物體 $\overline{OP}$ 的影像。作圖法則不但可求得成像的位置，還可判斷像的性質是正立還是倒立、是放大還是縮小、是實像還是虛像。

　　如圖 5-26 所示，我們將物體置於凹面鏡前不同位置，根據作圖法則，其所成的像有不同的位置和性質，我們將凹面鏡的成像性質整理成下表 5-3。

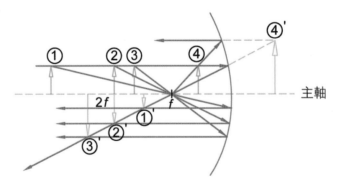

✸ 圖 5-26　由作圖法則尋找凹面鏡之成像位置並判斷成像之性質

▶ 表 5-3　凹面鏡的成像性質

物體位置（物距 p）	像的位置（像距 q）	像的性質
無窮遠處(p=∞)	焦點上(q=f)	一點實像
曲率中心外(p>2f)	曲率中心和焦點間(f<q<2f)，如圖 5-30①'	倒立縮小實像
曲率中心上(p=2f)，如圖 5-30②	曲率中心上(q=2f)，如圖 5-30②'	倒立相等實像
曲率中心和焦點間(f<p<2f)，如圖 5-30③	曲率中心外(q>2f)，如圖 5-30③'	倒立放大實像
焦點上(p=f)	無窮遠處(q=∞)	平行光無法成像
焦點內(p<f)，如圖 5-30④	鏡後，如圖 5-30④'	正立放大虛像

　　如圖 5-27 所示，我們將物體置於凸面鏡前不同位置，根據作圖法則，其成像位置都在鏡後焦點內，而且都是**正立縮小虛像**，我們將凸面鏡的成像性質整理成下表 5-4。

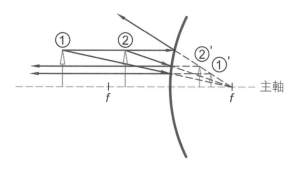

✱ 圖 5-27　由作圖法則尋找凸面鏡之成像位置判斷成像之性質

▶ 表 5-4　凸面鏡成像性質

物體位置（物距 p）	像的位置（像距 q）	像的性質
無窮遠處(p=∞)	焦點上(q=f)	一點實像
鏡前任意處，如圖 5-31①②	鏡後焦點內，如圖 5-31①'②'	正立縮小虛像

5-5 光的折射及透鏡成像

一、光的折射

　　光在均勻介質中係沿直線前進，但光由一介質進入另一介質時（例如光從空氣進入水中），由於**光速不同**，造成光的行進方向會發生偏折，此為**光的折射**現象。如圖 5-28(a)，如果我們將鉛筆插入水中，鉛筆看起來好像被折斷了，這是光的折射現象所造成的結果。如圖 5-28(b)，鉛筆底部 X 發出的光，從水中射向空氣中，行進方向偏折後射向眼睛，其折射光反向延伸在 Y 處，造成鉛筆底部在 Y 處的錯覺。

(a) 鉛筆插入水中，鉛筆看起來好像被折斷了

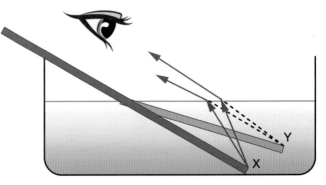

(b)光的折射造成鉛筆被折斷的錯覺

❈ 圖 5-28　光的折射現象

　　然而光折射時其偏折方向為何？如圖 5-29 所示之實驗，一束雷射光由光速較快的空氣，射向較慢的玻璃，其折射光偏向法線。為何會偏向法線呢？其原因可用下面的比喻來說明：如圖 5-30 所示，兩端裝有輪子的車軸從車速快的硬地滾向車速慢的軟地時，因 A 輪先駛入軟地而導致速率減慢，但此時 B 輪仍在硬地以原有的速率行駛，因此車軸行進方向會偏向法線。

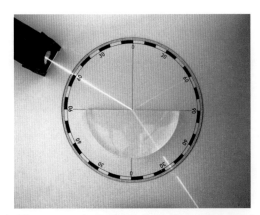

❈ 圖 5-29　光由空氣（較快）射向玻璃
　　　　　　（較慢），折射光偏向法線

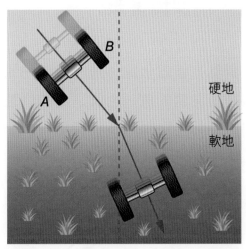

❈ 圖 5-30　車軸從硬地（較快）滾向泥地
　　　　　　（較慢），行進方向偏向法線

　　如圖 5-31 所示，入射於交界面
光線稱為**入射線 I**，由交界面偏折的
光線稱為**折射線 R**，在入射點處與
交界面垂直的線稱為**法線 N**，入射
線與法線的夾角稱為**入射角 i**，折射
線與法線的夾角稱為**折射角 r**。光折
射時，遵守以下**折射規則**：

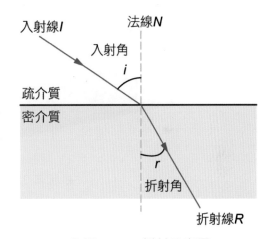

❈ 圖 5-31　折射示意圖

1. 入射線、折射線與法線在同一平
   面上，而且入射線與折射線分別
   在法線的兩側。

2. 光從**速度較快的介質（疏介質）**進入**速度較慢的介質（密介質）**，折
   射線會偏向法線。反之，則會偏離法線。

二、視深與實深

　　如圖 5-32 所示，魚所發出的光從水中射向空氣中，由於光速變快，其折射光偏離法線，造成折射光的反向延伸交點在實際的魚上方，此為眼睛所見到的魚，也就是像的位置。物體與交界面的距離稱為**實深**，像與交界面的距離稱為**視深**。從空氣中看水中物體，其視深較淺；反之，從水中看空氣中物體，其視深較深。

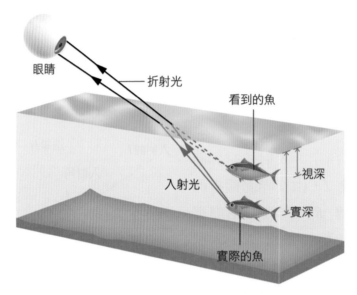

❋ 圖 5-32　視深與實深

三、透鏡成像

　　日常生活中我們使用的**凸透鏡**(convex lens)和**凹透鏡**(concave lens)，是利用光的折射原理所製成的。例如放大鏡和照相機的鏡頭是屬於**凸透鏡**（如圖 5-33），而我們所戴的近視眼鏡則是屬於**凹透鏡**（如圖 5-34）。

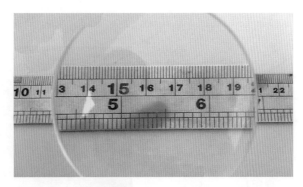

✻ 圖 5-33　凸透鏡

✻ 圖 5-34　凹透鏡

如圖 5-35 所示，若將一束平行於主軸的光線射向凸透鏡，經過兩次折射後（第一次由空氣進入玻璃、第二次由玻璃進入空氣），都會通過主軸上的一點 F，此點稱為凸透鏡的**實焦點**。因為凸透鏡能夠會聚光線，所以凸透鏡又稱為**會聚透鏡**。如圖 5-36 所示，若將平行於主軸的光線射向凹透鏡，經過兩次折射後，發現折射後的光線會發散，但這些光線反向延伸，都通過主軸上的一點 F，我們將這一點稱為凹透鏡的**虛焦點**，因為凹透鏡能夠發散光線，所以凹透鏡又稱為**發散透鏡**。另外，我們把焦點到透鏡的距離稱為透鏡的焦距 f。

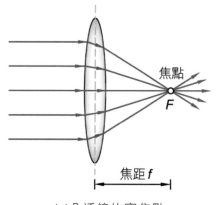

焦點
F

焦距 f

(a)凸透鏡的實焦點

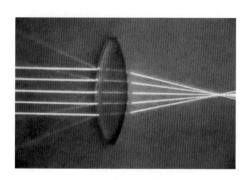

(b)凸透鏡能使光線會聚

�֍ 圖 5-35　凸透鏡

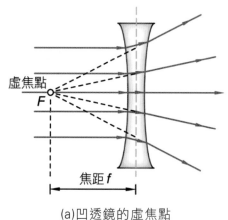

虛焦點
F

焦距 f

(a)凹透鏡的虛焦點

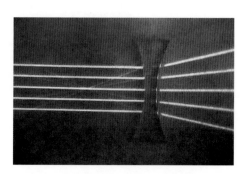

(b)凹透鏡能使光線發散

✖ 圖 5-36　凹透鏡

　　如圖 5-37 將一物 $\overrightarrow{OP}$ 置於透鏡前，根據折射定律，由 P 點所發射出來的許多入射光線，經透鏡兩次折射後，其所有折射光線（或其延長線）都會相交於一點 J，J 點稱 P 點的**像**。圖中我們以實線表示光線的真實路徑，虛線表示其延長線，若以作圖法則來尋找成像位置，將有以下幾點透鏡成像的**作圖法則**（請對照圖 5-37，括弧部份為凹透鏡之折射）：

1. 平行主軸的入射線，其折射線（或折射線的延長線）會通過焦點 F。

2. 通過（或其延長線通過）焦點 F 的入射線，其折射線會平行主軸。

3. 射向鏡心的入射線，其折射線與入射線同一直線。

在上述三條光線中，任選兩條就可找到物點 P 的像點 J，再由 J 點向主軸畫垂直線 $\overline{IJ}$，此 $\overline{IJ}$ 就是物體 $\overline{OP}$ 的影像。由作圖法則不但可以找到成像的位置，還可以判斷成像的性質是正立還是倒立、是放大還是縮小、是實像還是虛像。

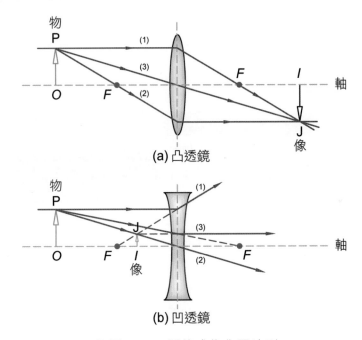

❖ 圖 5-37　透鏡成像作圖法則

如圖 5-38 所示，我們將物體置於凸透鏡前不同位置，根據作圖法則，其所成的像有不同的位置和性質，我們將凸透鏡的成像性質整理成下表 5-5。

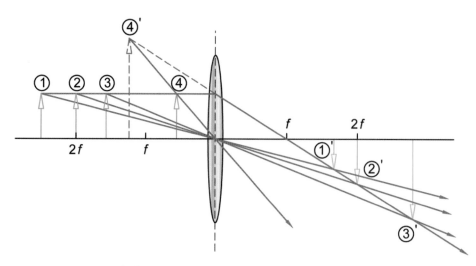

✿ 圖 5-38　由作圖法則尋找凸透鏡之成像位置並判斷成像之性質

▶ 表 5-5　凸透鏡成像性質

物體位置（物距 p）	像的位置（像距 q）	像的性質
無窮遠處(p=∞)	焦點上(q=f)	一點實像
兩倍焦距外(p>2f)，如圖 5-44①	兩倍焦距和焦點間(f<q<2f，如圖 5-44①′	倒立縮小實像
兩倍焦距上(p=2f)，如圖 5-44②	兩倍焦距上(q=2f)，如圖 5-44②′	倒立相等實像
兩倍焦距和焦點間(f<p<2f)，如圖 5-44③	兩倍焦距外(q>2f)，如圖 5-44③′	倒立放大實像
焦點上(p=f)	無窮遠處(q=∞)	平行光無法成像
焦點內(p<f)，如圖 5-44④	鏡前，如圖 5-44④′	正立放大虛像

　　如圖 5-39 所示，我們將物體置於凹透鏡前不同位置，根據作圖法則，其成像位置都在鏡前焦點內，而且都是正立縮小虛像，我們將凹透鏡的成像性質整理成下表 5-6。

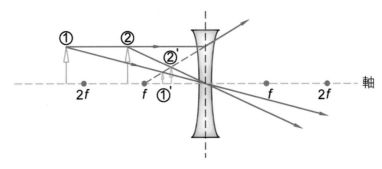

🧩 圖 5-39　由作圖法則尋找凹透鏡之成像位置並判斷成像之性質

▶ 表 5-6　凹透鏡成像性質

物體位置（物距 p）	像的位置（像距 q）	像的性質
無窮遠處(p=∞)	焦點上(q=f)	一點實像
鏡前任意處，如圖 5-45①②	鏡前焦點內，如圖 5-45①'②'	正立縮小虛像

5-6　光與生活

一、光度與照度

　　日常生活中，我們能夠看到物體，是因為有光進入到我們的眼睛。有些物體本身能發光，例如太陽、電燈和螢火蟲等，稱之為**發光體**(luminous body)。有些物體本身雖然不能發光，但是卻能反射發光體所發射的光而被看見，例如月亮、牆壁、書本等，稱之為**受照體**(illuminated body)。

　　光源的發光強度稱為**光度**(luminous intensity)，單位為**燭光**（candela，簡寫為 cd）。另外，光源每秒所發出的可見光能量稱為**光通量**(luminous flux)，其單位為**流明**（lumen，簡寫為 lm）。當受照體表面受到光照射時，我們將受照體每單位面積所接收的光通量稱為**照度**(intensity of illuminous)，其單位為**勒克司**(lux)，1 勒克司=1 流明／公尺^2。對同一

光源而言，受照體之照度與其到光源距離的平方成反比。也就是說，當距離增為兩倍時，照度會減為 $\frac{1}{4}$ 倍。幾種常見光源所產生的照度如表 5-7 所示。閱讀時適度的照明約為 500lux，一般教室與辦公室所需的照度則約需 300lux。

▶ 表 5-7　幾種常見光源所產生的照度

光源	照度(lux)
陽光直射下（正午）	110,000
陰天室外	1,000
60W 白熾燈（相距 1m 時）	100
滿月（在正上空時）	0.27
無月且多雲的夜空	0.0001

二、光的色散現象

牛頓發現一束白色光射向三稜鏡，經三稜鏡兩次折射後，會形成紅、橙、黃、綠、藍、靛、紫七色光帶，如圖 5-40，我們將這種現象稱為光的**色散**(dispersion)。

✿ 圖 5-40　色散現象

為何會有色散的現象呢？那是因為白色光是由七種顏色的光所組成，而各色光在真空中速率都是3×10^8公尺／秒。當七種色光由空氣進入玻璃

中，速率都會減慢，但減慢程度不同，其中以紫色光在玻璃中的速率最慢（改變最大），因此紫色光偏折角度最大。由於各色光有不同的折射角，經由三稜鏡兩次折射後，這七種顏色的光就散開來了，如圖 5-41。

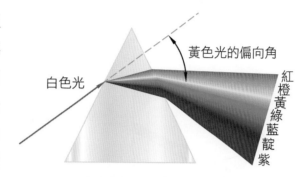

白色光　黃色光的偏向角

紅橙黃綠藍靛紫

❋ 圖 5-41　色散示意圖

　　自然界中美麗的彩虹就是色散現象的實例。能夠看到彩虹的條件是，太陽的仰角不大，天空的某一邊正在下雨，而另一邊則是陽光普照。此時當你背對太陽，面對下雨側就有機會看到一道弧形的顏色光譜，此稱之為**虹**(rainbow)。有

❋ 圖 5-42

時在虹的外側，還會出現另一道較弱的色帶，此稱之為**霓**(secondary rainbow)，如圖 5-42。

　　如圖 5-43 所示，太陽光進入水滴後，依照不同的入射角，有些會立刻穿出，有些則會在水滴內多反射幾次才會穿出。若是經過「折射→反射→折射」而離開水珠者，會形成虹；若是經過「折射→反射→反射→折射」才離開水珠者，會形成霓。因為霓多一次反射，所以亮度比較小，比較不容易看清楚。而且，霓的顏色順序由上而下依次為「紫、靛、藍、綠、黃、橙、紅」，與我們比較熟知的虹順序相反。

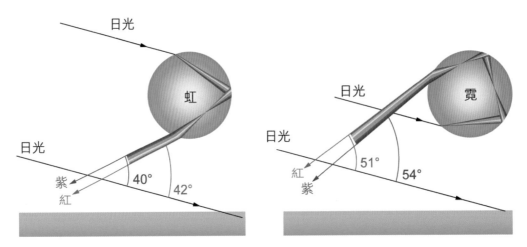

❈ 圖 5-43　水滴的色散

　　如圖 5-44 所示，空氣中的每個水滴都可將陽光分散成七色光，朝各個方向行進。但是必須角度剛好的色光才會進入某人的眼睛。所以，當我們看見虹或霓的七色帶時，其實七個色帶是分別來自不同方向的水滴所造成的。

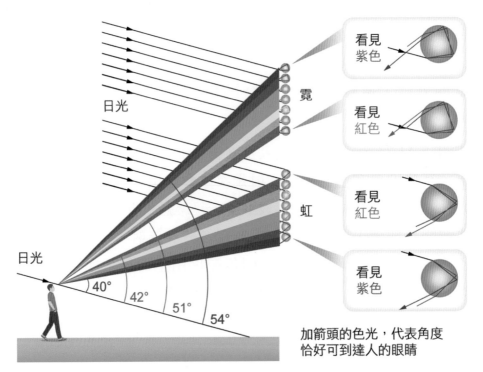

❈ 圖 5-44　霓和虹的原理

三、光的三原色

色散現象證實太陽的白光是由七色光組合而成，但其實只要兩三種色光，例如黃、藍兩色，或紅、綠、藍三色，就可合成白光。若兩種色光合成能產生白光，則稱這兩種顏色為**互補色**，例如黃色與藍色即為互補色。如圖 5-45(a)，若以強度相等的紅、藍、綠三色光投射到白紙上，使其部分重疊。則三色光重疊處呈現白色，而其他兩兩重疊處則呈現不同的顏色，如圖 5-45(b)。幾乎所有顏色的光，都可由紅、藍、綠三種色光，以適當比例混合而成，故稱紅、藍、綠為光的三原色。彩色螢幕畫面每一像素的顏色都是由三原色光混合而成，如圖 5-45(c)。

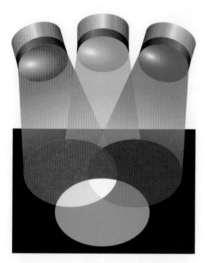

(a)三色光投射到白紙上

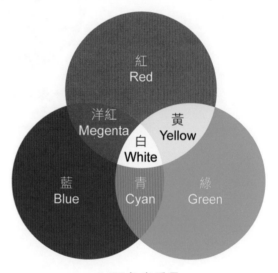

(b)三色光重疊

✖ 圖 5-45　光的三原色

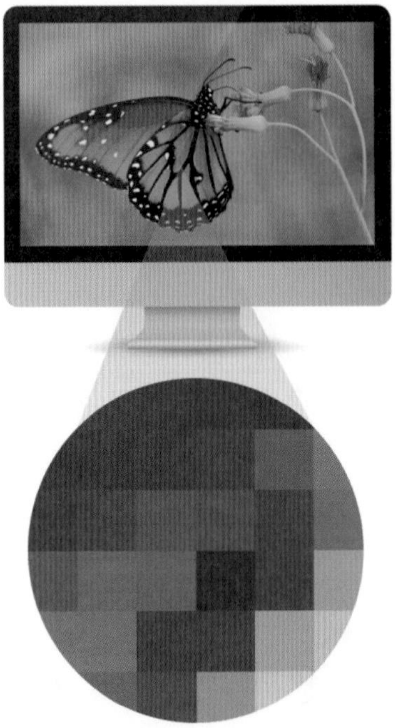

(c)彩色螢幕畫面每一像素顏色都是由三原色光混合而成

圖 5-45　光的三原色（續）

摘要

5-1　波的現象

1. 波可以傳播能量，但不能傳送物質。

2. 只能在介質中傳播的波稱為**力學波**，電磁波不需依靠介質傳播。

3. 介質（或場）振動方向與波的行進方向**垂直**的波稱為**橫波**，介質（或場）振動方向與波行進方向**平行**的波稱為**縱波**。

4. 力學波之**波速**會受到**介質狀態**的影響。

5. **波速**公式：$v = \dfrac{\lambda}{T} = f\lambda$。

5-2　聲音的發生與傳播

6. 人類所能聽到的聲波頻率範圍約在 20 赫到 20,000 赫之間。

7. 聲速與氣溫關係式：$v = 331 + 0.6T$。

5-3　樂音與噪音

8. 聲音的三要素：響度、音調、音品。

9. 發音體的振幅愈大，產生的能量就愈大，聲音聽起來愈大聲。

10. 我們以「分貝」表示聲音響度的「強度階」，響度愈大，分貝數就愈多。

11. 聲音的高低音稱為音調，音調是由聲波的頻率來決定，頻率愈大，音調就愈高，聲音聽起來愈高亢。

12. 聲音的特色稱為音色或音品，音色由波形決定。

13. 長期處於噪音之中，將會引發消化不良、神經衰弱及心臟血管等疾病。

5-4 光的反射及面鏡成像

14. **反射定律**(law of reflection)：

    (1) 入射線與反射線分別位於法線的兩側，且三者在同一平面上。

    (2) 入射角 i 等於反射角 r。

15. **單向反射**：一束平行的入射光線，如果遇到光滑平坦的表面，由反射定律可知，其反射光仍平行。

16. **漫射**：一束平行的入射光線，如果遇到凹凸不平的表面，則其反射光沒有固定的方向。

17. **平面鏡成像性質**：

    (1) 像與原物體大小相等，即**像長＝物長**。

    (2) 像到鏡面的距離，等於物到鏡面的距離，即**像距＝物距**。

    (3) 當鏡面垂直於地面時，像與原物**左右相反，上下不顛倒**。

5-5 光的折射及透鏡成像

18. 光由一介質進入另一介質時（例如光從空氣進入水中），由於**光速不同**，造成光的行進方向會發生偏折，這就是**光的折射**現象。

19. 光從**速度較快的介質（疏介質）**進入**速度較慢的介質（密介質）**，折射線會偏向法線。反之，則會偏離法線。

5-6 光與生活

20. 光源的發光強度稱為**光度**，單位為**燭光**(cd)。

21. 光源每秒所發出的可見光能量稱為**光通量**，單位為**流明**(lm)。

22. 受照體每單位面積所接收的光通量稱為**照度**，單位為**勒克司**(lux)。

23. 受照體之照度與其到光源距離的平方成反比。

24. 白色光射向三稜鏡，經三稜鏡兩次折射後，會形成紅、橙、黃、綠、藍、靛、紫七色光帶，這種現象稱為光的**色散**。

25. 白色光是由七種顏色的光所組成，而各色光在真空中速率都是3×10^8公尺／秒。

26. 當七種色光由空氣進入玻璃中，速率都會減慢，但減慢程度不同，其中又以紫色光在玻璃中的速率最慢（改變最大），因此紫色光偏折角度最大。

27. 太陽光經過水滴後，若是經過「折射→反射→折射」而離開水珠者，會形成**虹**。

28. 太陽光經過水滴後，若是經過「折射→反射→反射→折射」才離開水珠者，會形成**霓**。

29. 霓多一次反射，所以亮度比較小。而且，霓的顏色順序與虹的順序相反。

30. 幾乎所有顏色的光，都可由紅、藍、綠三種色光，以適當比例混合而成，故稱紅、藍、綠為光的三原色。

習題

一、選擇題

(　　)1. 介質（或場）振動方向與波行進方向垂直的波，稱之為　(A)橫波　(B)縱波　(C)疏密波　(D)以上皆非。

(　　)2. 依波動傳播方向與介質（或場）振動方向來看，聲波屬於　(A)橫波　(B)縱波　(C)是橫波也是縱波　(D)不是橫波也不是縱波。

(　　)3. 船隻偵測海中物體的位置，主要是利用聲波的　(A)繞射　(B)透射　(C)反射　(D)折射。

(　　)4. 一般所說的音波，係指頻率可為人耳察覺之範圍，此頻率範圍約在　(A)20 赫以下　(B)200~2000 赫　(C)20~20000 赫　(D)20000 赫以上。

(　　)5. 聲速在下列何者中最快？　(A)空氣　(B)水　(C)鐵　(D)三者均相同。

(　　)6. 聲音的大小聲是由波的什麼決定？　(A)頻率　(B)波長　(C)振幅　(D)波速。

(　　)7. 50 分貝的聲音強度是 20 分貝的聲音強度的多少倍？　(A)2.5　(B)30　(C)100　(D)1000。

(　　)8. 女孩子的音調通常比男孩子高，是因為　(A)女孩子的聲波波長較長　(B)女孩子的聲波振幅較大　(C)女孩子的聲波波速較快　(D)女孩子的聲波頻率較大。

(　　)9. 傳聲筒和聽診器能把聲音傳至遠處，這是因為它們能保持聲音的哪一項特性？　(A)響度　(B)音調　(C)音品　(D)速度。

(　　)10. 一束光線入射於鏡面，若入射線和鏡面夾角為 30°，則反射線與入射線的夾角為　(A)30°　(B)60°　(C)90°　(D)120°。

(　　) 11. 物體 $\overline{AB}$ 置於一凹面鏡前，如圖所示，則 $\overline{AB}$ 所成的像為　(A)正立放大實像　(B)正立縮小虛像　(C)倒立縮小實像　(D)倒立放大實像。

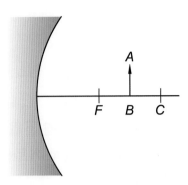

(　　) 12. 光之折射的原因為光在不同介質中行進時　(A)頻率不同　(B)能量不同　(C)速度不同　(D)焦距不同。

(　　) 13. 光線由空氣中斜向射入水中時，折射線　(A)方向不變　(B)與法線重疊　(C)向法線偏折　(D)離法線偏折。

(　　) 14. 近視眼者須配戴何種眼鏡以矯正之？　(A)凸面鏡(B)凹面鏡(C)凹透鏡　(D)凸透鏡。

(　　) 15. 欲觀看細小的跳蚤，可使用凸透鏡來放大，則此跳蚤應該放在凸透鏡的何處，及所看到的像為何？　(A)焦點外，為實像(B)焦點外，為虛像　(C)焦點內，為實像　(D)焦點內，為虛像。

(　　) 16. 日光經三稜鏡色散後，偏向角最大的是　(A)紅光　(B)黃光(C)綠光　(D)紫光。

二、填充題

1. 需要介質才能傳播的波稱為＿＿＿＿波，不需介質即能傳播的波稱為＿＿＿＿波。

2. 介質（或場）振動方向與波的行進方向垂直的波稱為＿＿＿波，介質（或場）振動方向與波行進方向平行的波稱為＿＿＿波。

3. 聲音的三要素：＿＿＿＿＿＿＿ 、 ＿＿＿＿＿＿＿ 、 ＿＿＿＿＿＿＿ 。

4. 聲音的高低音稱為音調，、音調是由聲波的＿＿＿＿＿＿來決定。

5. 光的三原色是＿＿＿＿＿色、 ＿＿＿＿＿色、 ＿＿＿＿＿色。

三、計算題

1. 設氣溫為 15°C，某音叉頻率為 170 赫，則此音叉所產生聲波之波長為多少公尺？

2. 在某個夏日的午後，小明見到天邊一道閃電，經過 3 秒後才聽到雷聲，設當時氣溫 20°C，則發生閃電的地方距離小明多遠？

Chapter
06
物理與生活

學習目標

1. 能瞭解物理學與其他基礎科學的關係。

2. 能瞭解半導體、雷射、超導體及奈米科技在日常生活中的應用。

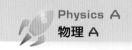

6-1 物理學與其他基礎科學的關係

科學可分為**基礎科學**和**應用科學**，如圖 6-1，其中基礎科學包含**數學**（純科學）和**自然科學**，自然科學區分為**物理學**、**化學**、**生物學**、**天文學**和**地球科學**等。而應用科學則包括醫學、電機電子工程學、建築土木工程學、環境科學和太空科學等。

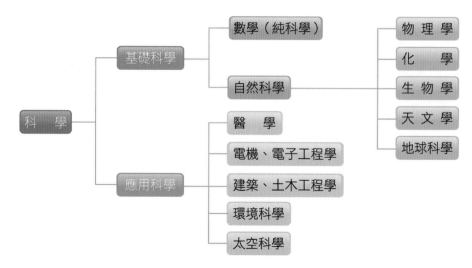

❄ 圖 6-1　科學之分類

物理學是基礎科學中最基本的一門，與其他基礎科學關係十分密切。茲將物理學與其他基礎科學的關係分述如下：

一、物理學和數學的關係

數學是一個邏輯的結構，與自然現象無直接關聯，因此數學不屬於自然科學的一環，而被稱為純科學。數學可說是科學的語言，能精確的表達科學規律。物理學是數學化最深的科學，物理學與數學的關係十分密切，物理學的發展經常為數學提供研究的新課題；數學的發展也協助物理學家解決了許多物理學問題。

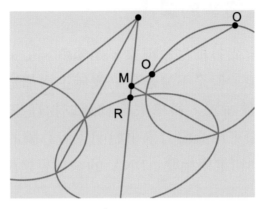

✤ 圖 6-2　數學

二、物理學和化學的關係

　　化學主要是研究各種分子的形成與結構，以及各分子間互相的轉變。自然科學中，物理學與化學重疊的部分最多，相互的影響也最大。例如原子核物理在化學中稱為核化學，又熱力學在物理和化學中都是重要的課程，而近代物理學之量子力學則可以解釋許多化學反應之規律性，由此可知物理學和化學的關係有多麼密切。

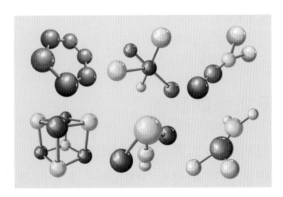

✤ 圖 6-3　化學

三、物理學和生物學的關係

生物學主要是研究各種生命現象，如繁殖、生長等。雖然物理學的研究不涉及生命現象，但是不論是生物或無生物都是由原子所構成，因此生物所呈現的各種面貌，科學家都試圖以物理學和化學的觀點來解釋。例如血液的循環可用流體力學來說明；而心臟的律動有如壓縮機一般；神經傳遞訊息則和電學相關；DNA 的結構更是由生物學家和物理學家所共同發現。

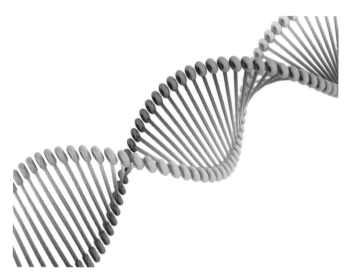

✱ 圖 6-4　生物學

四、物理學和天文學的關係

早期的天文學只研究各天體的位置和運動情況，現今的天文學除了研究天體之外，還研究星雲和整個宇宙的結構，以及宇宙的起源和演化過程等。天文學是比物理學還古老的科學，在科學史中，由於早期對天文學的研究，瞭解一些行星與恆星運動的規則，進而發展出物理學的運動定律和萬有引力定律，因此物理學有一部分是發源於天文學。而物理的理論與其所發展出來的技術，更促進了天文學的發展，例如觀測天體

所使用的望遠鏡,分析星球組成的質譜儀,以及解釋恆星能量來源的核反應理論,這些都是物理學在天文學的應用。

✽ 圖 6-5　天文學

五、物理學和地球科學的關係

　　地球科學主要是研究地球構造、地殼變動和天氣現象等,地球科學包含地質學、海洋學和大氣科學等。研究地球科學時,經常需使用各種物理定律,例如地球表面受太陽照射不均勻或因海洋與陸地比熱不同,形成各種天氣現象以及各種海流等;利用聲波的反射可以探測海底地形;用力學與熱學理論可解釋板塊漂移與斷層現象;用放射線理論可探測地質年代等,這些都說明物理學與地球科學有許多關聯。

✿ 圖 6-6　地球科學

6-2　物理在生活中的應用

一、光電效應

　　1887 年，德國物理學家赫茲在一次偶然的機會中發現，當光照射金屬表面時，可使金屬內部電子脫離出來，如圖 6-7。後來赫茲的學生雷納 (Philip Lenard, 1862~1947)於 1902 年做了如圖 6-8 之實驗，他以一束入射光照射在金屬板，發現有電流產生。這種因為光線照射而射出電子的現象，稱為光電效應，其所射出的電子稱為光電子，所形成的電流則稱為

光電流。實驗結果顯示，要產生光電效應，入射光頻率必須大於底限頻率。如果入射光頻率小於底限頻率，即使入射光強度再強、或照射時間再長，都無法產生光電效應。若依古典物理光的波動理論來解釋，則光的強度大，代表光波振幅大，所含能量大；又光的照射時間長，代表累積能量大。因此若入射光度強、或照射時間長，都更容易使電子吸收足夠能量而射出才對，顯然光的波動理論無法圓滿解釋此現象。

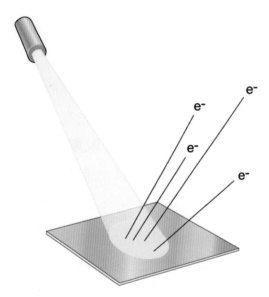

❈ 圖 6-7 　當光照射金屬表面時，可使金屬內部電子脫離出來

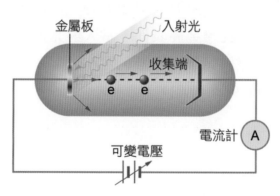

❈ 圖 6-8 　光電效應實驗

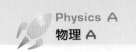
　　為了解釋光電效應，愛因斯坦於 1905 年提出**光的粒子說**，他假設當頻率為 f 的光在空間中傳播時，光可視為帶有 hf 能量的粒子，稱為**光量子**(light Quanta)，簡稱為**光子**(photon)。每一個光子的能量 E 與光的頻率 f 成正比，與光的強度無關，即光子能量 E 為：

$$E = hf \qquad\qquad 光子能量公式(6\text{-}1)$$

式中 h 稱為普朗克常數(Planck constant)，其值為：$h = 6.63 \times 10^{-34}$ 焦耳·秒。

　　光電效應實驗中，當光子撞擊到金屬表面時，若其能量大於電子的束縛能，就能使電子脫離金屬表面而形成光電效應。由式(6-1)可知，光子頻率 f 愈大，其能量 E 就愈大，電子脫離金屬後動能也愈大，如圖 6-9(a)(b)。因此，入射光頻率要夠大（大於底限頻率），光子能量才夠大，才能產生光電效應。

　　又入射光的強度代表的是什麼呢？為什麼入射光頻率小於底限頻率時，即使入射光度再強，都無法產生光電效應呢？在光的粒子說中，光的強度代表每單位時間內、通過單位截面積的光子數目。愛因斯坦認為在光子和電子的交互作用過程中，一個光子的能量只能全部轉移給一個電子。因此，當入射光頻率小於底限頻率時，每個光子的能量小於電子的束縛能，無法讓電子脫離金屬表面。當入射光增強或照射時間增長，只是光子數目增多，每個光子的能量仍然小於電子的束縛能，還是無法產生光電效應，如圖 6-9(c)。

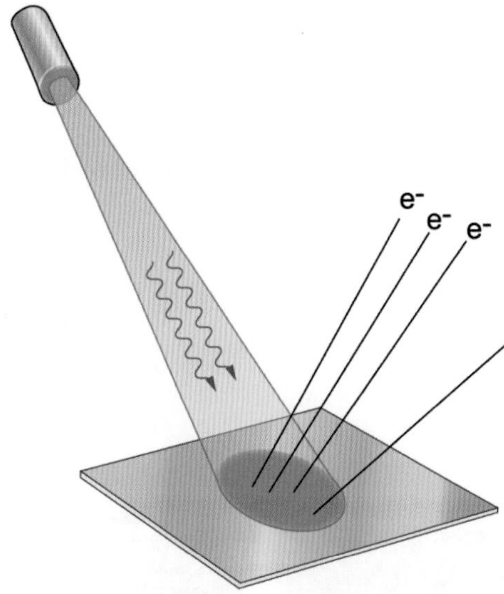

(a) 光子頻率較大，所具有能量較大，電子脫離金屬後動能較大

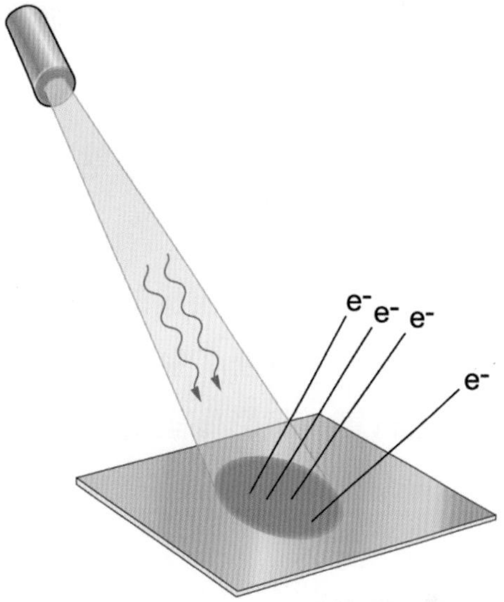

(b) 光子頻率較小，所具有能量較小，電子脫離金屬後動能較小

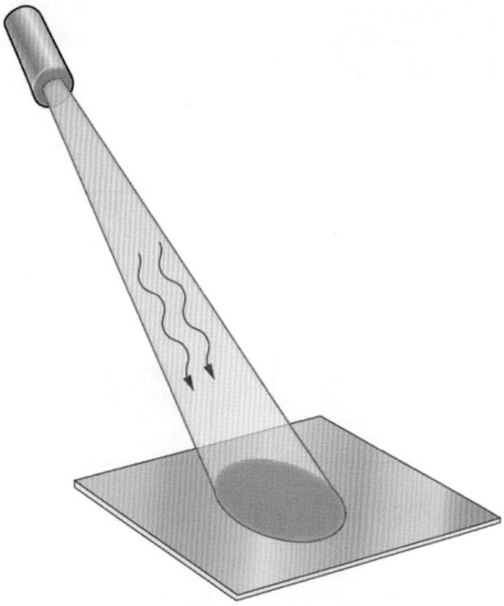

(c) 當入射光頻率小於底限頻率時，即使入射光增強或照射時間增長，都無法產生光電效應

圖 6-9　光電效應圖說

光電效應在日常生活中的應用非常廣，例如：

1. 太陽能電池：他是一種照光會產生直流電的裝置，如圖 6-10 所示之太陽能計算機，其內部就有太陽能電池，只要有一些光照射到面板，就能為計算機充電。

2. 感光元件：數位相機的感光元件照射到光時，會有光電子產生，如圖 6-11。光愈強則產生的光電子愈多。光電子累積的電訊號可以轉換為數位訊息，將影像記錄下來。

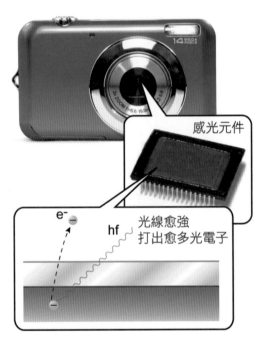

❈ 圖 6-10　計算機中的太陽能電池　　❈ 圖 6-11　數位相機中的感光元件

3. 光電管：光電管可將光信號轉換成電信號，可當控制電路的開關，例如自動門偵測到有人接近時，會自動打開，如圖 6-12。

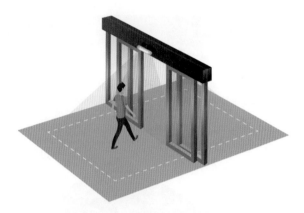

❉ 圖 6-12　自動門中的光電管

二、半導體

容易導電的物體稱為**導體**(conductor)，如銅、鋁等金屬材料皆屬於導體；很難導電的物體稱為**絕緣體**(insulator)，如玻璃、塑膠等材料皆屬於**絕緣體**；　而導電性介於導體和絕緣體之間的物體稱為**半導體**(semiconductor)，如矽(Si)、鍺(Ge)、砷化鎵(GaAs)等皆屬於**半導體**。許多電子元件如**二極體**和**電晶體**等，都是由半導體製成的。

在邊長只有數毫米且薄如紙的小**晶片**上，按照設計好的電路，一層一層地長出二極體、電晶體、電容器和電阻器等電子元件，就成為一個**積體電路**（integrated circuit），簡稱為 IC。積體電路中的電子零件是用蒸鍍的技術，直接鍍在所需的位置上。利用這種技術，不僅可將數十萬個電子元件放在一個小小晶片上，而且可以大量生產。積體電路與傳統的離散電路之差別如圖 6-13 所示。由於**積體電路**具有體積小、耗電量低、性能穩定的特點，使科學家得以在空間受限的太空船或人造衛星，裝上能執行多項任務的複雜電子系統。在軍事方面，飛彈內也裝有積體電路，才使飛彈具有極精準的導航能力。

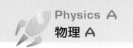

解構積體電路
採用奈米製程的積體電路與離散電路不同，讓我們一窺究竟

一體成形 All in one
晶片通常外覆基體和保護結構，將晶片與其他電子元件相連。

積體電路的用處為何？
積體電路有多種功能，包括振盪器、放大器、快閃記憶體以及許多其他應用。

積體電路 Integrated circuit
電子積體電路取代了離散電路，將所有元件組裝成一體，且製造和連結都在同一流程完成。

矽晶片 Silicon chip
裝置中發揮效果的部分。晶片包含執行各種功能所需的微電路。

塑膠外殼 Plastic cover

顯微鏡下
Under the microscope
要觀察晶片結構須使用大倍率的放大鏡，或直接以顯微鏡觀察。

微電路 Microcircuits
微電路由數千個軌道組成。會決定微處理器中電流的流向。

以插針連接晶片
Connection of chip with pin

金屬插針 Metallic pin
這些插針將晶片連接至其所屬的電子系統（例如電路板）。

小點 Small point

基體 Substrate
作為微處理器電路的基座和絕緣體。

連接點 Connection points
這是電路與基體另一端的元件透過軌道連接的部位。

軌道 Tracks

離散電路 Discrete circuit
離散電路的元件是各自囊封後，再焊接到一塊基板上。

電容器 Capacitor
電容器是一種被動二端元件，由各種導體和絕緣體組成，以靜電形式保存能量。

電晶體 Transistor
半導體裝置，可以放大、開關電子訊號和電力。

電阻器 Resistor
電阻器是被動二端元件，可以提供電阻，控制電路裡的電流。

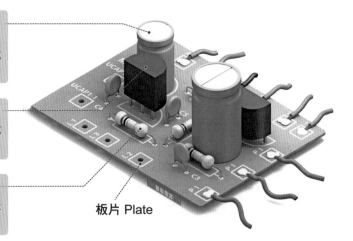

板片 Plate

✿ 圖 6-13

三、雷射

雷射一詞源自英文"Light Amplification by Stimulated Emission of Radiation"，縮寫為"LASER"，其原意為「受激發射之輻射光放大」。雷射光是單一波長的同相光源，具有準直、光度強、光束不發散的特性，如圖 6-14。

雷射在日常生活中的應用不勝枚舉，如雷射測速槍、雷射影音光碟片、雷射印表機，雷射近視手術（圖 6-15）、雷射除斑、雷射切除腫瘤、雷射銲接、雷射鑽孔、雷射光纖通訊……等，都是常見的雷射應用實例。

✿ 圖 6-14　雷射光是單一波長的同相光源，具有準直、光度強、光束不發散的特性

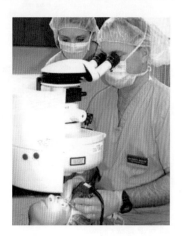

✿ 圖 6-15　雷射近視手術

三、顯示器

1888 年奧地利植物學家<u>雷尼哲</u>(Friedrich Reinitzer, 1857~1927)在研究中發現一種有機分子，它兼具固體的結晶次序與液態流動特性的物質，稱之為**液晶**(liquid crystal)。液晶的方向性可經由電場或磁場來控制，**液晶顯示器**（liquid crystal display，簡稱 LCD，如圖 6-16）便是利用液晶的這種特殊性質所製成的顯示器。如圖 6-16，液晶顯示器背部有一個白色光源，液晶材料扮演**光閥**的角色，可控制透光度。最後，光會各自經過紅、綠、藍三原色濾光片，如此便能達到彩色顯影的效果。與傳統電視

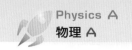

（映像管電視）比較，液晶電視具有輕、薄、低耗電、低輻射（幾乎為零）等優點，已成為電視市場之主流。

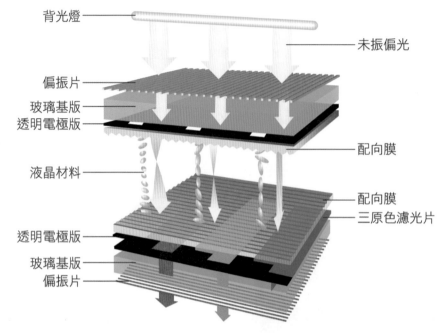

背光燈

未振偏光

偏振片
玻璃基版
透明電極版

配向膜

液晶材料

配向膜
三原色濾光片

透明電極版
玻璃基版
偏振片

✤ 圖 6-16　　液晶顯示器之構造與工作原理

四、超導體

如前所述，物體依導電性分為**導體**、**半導體**和**絕緣體**，而**超導體**(superconductor)是指導電性超越導體的物體，亦即電阻趨近於零的物體。它真的存在嗎？1911 年荷蘭科學家歐尼斯(Heike Kamerlingh-Onnes)首先發現水銀在 4.2K 時（約為−269°C），電阻降到趨近於零。

超導體在超導狀態時主要會呈現以下兩個特性：

1. **電阻為零**—即電流在超導體內部流動時，不會有損耗而能一直流通，成為永久的電流。

2. **完全反磁現象**—若外加磁場在超導體上，超導體會排除磁場，使磁力線完全不能通過，因此超導體才會有磁浮現象，如圖 6-17。

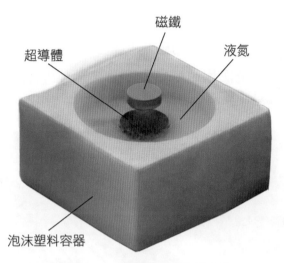

邁斯納效應

磁鐵

超導體

液氮

泡沫塑料容器

✤ 圖 6-17　超導體的磁浮現象

　　然而超導體要表現出以上兩種超導特性，其主要限制就是溫度必須低於臨界溫度。自從 1911 年歐尼斯發現水銀具有超導性之後，許多科學家都在尋找新的超導材料，希望能提升超導臨界溫度，讓超導體能有實際的應用價值。

　　1987 年後，科學家逐漸發現了更多的鋇－銅－氧化物的超導材料，目前在常壓下具有最高超導臨界溫度的超導體是 $HgBa_2Ca_2Cu_3O_8$，它的臨界溫度是 134K（約−139°C）。這一系列鋇－銅－氧化物的超導體被稱為「高溫超導體」，以與先前的「低溫超導體」有所區別。

　　超導體的應用範圍很廣，例如電力傳輸、高效率馬達、發電機、醫療診斷設備、微波通訊、高速電腦、磁浮列車等。

　　目前要把超導線材應用在長途的電力傳輸上仍然有技術上的難度，但陸續有許多國家把超導電纜投入電網運作。例如美國在紐約安裝了世界第一條商用的超導電纜，並在 2008 年 4 月通電，這系統能夠發送高達 574 兆瓦的電力供 30 萬家庭用電。

以日本為代表的**超導磁浮列車**（如圖 6-18），便是利用低溫超導線材線圈所製成的強力磁鐵間的吸引與排斥力，使得列車可以磁浮在軌道上運行。因為低溫超導磁鐵產生的磁場是電磁鐵的 3~5 倍，使得磁浮的間隙約為 100mm，大概是使用電磁鐵的 10 倍。因為有比較大的間隙，使得列車在運行時，比較不會和軌道發生摩擦，因此可以提高行車速率。

✿ 圖 6-18　超導磁浮列車

利用超導體製成的強力磁鐵還可以應用在醫療設施中，例如**核磁共振**(nuclear magnetic resonance, NMR)和其延伸出的**核磁共振掃描造影**（magnetic resonance image, MRI，如圖 6-19）等。

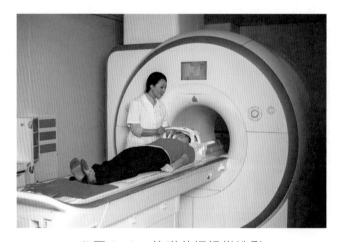

✿ 圖 6-19　核磁共振掃描造影

因為超導體材料對於未來電力傳輸、高效率馬達、發電機、醫療診斷設備、微波通訊、高速電腦、磁浮列車、能量儲蓄轉換等產業具有革命性的影響，各工業先進國家莫不以製成優異性能的超導體材料為研究發展目標，以期在未來的超導體材料應用工業中占有領先的地位。一些專家甚至認為超導體未來可以產生媲美半導體和雷射科技對電子和資訊產業的影響，許多新的應用也會逐步實現。

五、奈米科技

近幾年來奈米似乎變成了最新科技的代名詞，任何產品只要冠上奈米兩個字，就感覺是高科技產品，其價位也馬上獲得提升。其實，奈米（nanometer，簡寫為 nm）只是長度單位的名稱，1「奈米」等於十億分之一公尺，即 1 奈米(nm)＝10^{-9}公尺(m)，1 奈米大約是一根頭髮直徑的十萬分之一。

尺寸大小介於 1~100 奈米的材料稱為**奈米材料**；在奈米尺度下，研究物質的特性和相互作用的科學稱為**奈米科學**；將奈米科學運用在產業上，用來製造出對生活有實用價值的產品之技術，稱為**奈米科技**。

尺度很大的材料，其表面原子數遠小於總原子數，因此材料整體的性質與表面原子的相關性較小。但當材料的尺寸縮小到 100 奈米以下時，其表面原子數與總原子數比較接近，這時表面原子的性質就不能忽略了，此稱為「表面效應」。再加上「小尺寸效應」、「量子尺寸效應」、「量子穿隧效應」等四項效應的影響，使得奈米材料在力、熱、光、電、磁、化學等性質的表現與大尺寸材料截然不同。

奈米材料是近數十年來人類科技史的新發現，然而在自然界中，老早就有奈米級材料了。就植物而言，蓮花之所以能出淤泥而不染，如圖 6-20(a)，就是因為蓮花的葉面上覆蓋著一層約 1 奈米的**臘質結晶**(wax crystal)，如圖 6-20(b)。這些臘質結晶的化學結構具有疏水性，使得體積

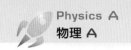
相對龐大的水珠或灰塵，無法附著在蓮葉表面上，如圖 6-20(c)。只要葉面稍稍晃動或稍有傾斜，水珠連同灰塵會因重力作用而一同滾落葉面。因此蓮花具有自潔功能，此被稱為「蓮花效應」(lotus effect)。就動物而言，蜜蜂身體內存在著磁性奈米粒子，具有導航功能，使蜜蜂飛行不會迷失方向。另外，壁虎之所以能在天花板或牆壁上來去自如，如圖 6-21，是因為牠的腳掌上有奈米級細緻構造，可與牆壁產生很強的吸力。

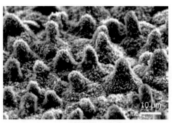

(a)蓮花出淤泥而不染　(b) 蓮花的葉面上覆蓋著一層(c) 體積想對龐大的水珠或灰
　　　　　　　　　　　約為 1 奈米的臘質結晶　　塵，無法附著在蓮葉表面
　　　　　　　　　　　　　　　　　　　　　　上

✱ 圖 6-20　蓮花效應

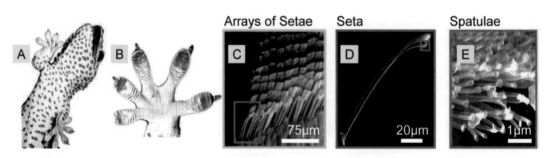

✱ 圖 6-21　壁虎的吸力來自於無數的匙突

奈米科技在人類日常生活的應用不勝枚舉，例如在食物方面通常是藥品，依照奈米技術，將藥物微粒弄成更小的粒子方便吸收；在衣著方面，在衣料上面加入疏水性奈米粒子，使衣料表面形成奈米結構，可製造出不沾塵、不沾油、不沾水的奈米衣及奈米領帶。此外，加入奈米碳管可以製造出吸收電磁波的衣料，可避免高輻射對人體的傷害。在住宅

部分，近年來國內業者，運用奈米科技開發了很多奈米建材，如：奈米磁磚、奈米玻璃、奈米塗料…等，都是具有自潔或抗菌功能的建材。橡膠輪胎摻入奈米碳顆粒，可增加輪胎之耐磨性與抗老化性。以奈米化學反應催化劑處理汽機車所排放的廢氣，可在短時間內將廢氣轉換成不具毒性的氣體；在育樂方面，奈米高密度磁記錄材料可增加記憶儲存容量達傳統磁材的數十倍，而奈米光碟的超大容量更可達一般光碟容量的百萬倍。將奈米製程技術用於手機通訊晶片，可使通訊影音傳輸速度更快、訊號更清晰。

 摘要

6-1 物理學與其他基礎科學的關係

1. 物理學是基礎科學中最基本的一門,與其他基礎科學關係十分密切。

6-2 物理在生活中的應用

2. 金屬板因為光線照射而射出電子的現象,稱為**光電效應**。

3. 要產生光電效應,入射光頻率必須大於底限頻率。

4. 為了解釋光電效應,愛因斯坦提出**光的粒子說**。

5. 每一個光子的能量 E 與光的頻率 f 成正比,即光子能量 E 為:$E=hf$。

6. 導電性介於導體和絕緣體之間的物體稱為半導體,如矽(Si)、鍺(Ge)、砷化鎵(GaAs)等皆屬於半導體。

7. 雷射縮寫為"LASER",其原意為「受激發射之輻射光放大」。

8. 雷射光是單一波長的同相光源,具有準直、光度強、光束不發散的特性。

9. 兼具固體的結晶次序與液態流動特性的物質,稱為**液晶**。

10. 液晶顯示器背部有一個白色光源,液晶材料扮演光閥的角色,控制透光度。最後,光會各自經過紅、綠、藍三原色濾光片,如次便能達到彩色顯影的效果。

11. 超導體是指導電性超越導體的物體,亦即電阻趨近於零的物體。

12. 超導體在超導狀態時會呈現電阻為零及完全反磁兩種現象。

13. 1 奈米(nm)$=10^{-9}$公尺(m)。

14. 尺寸大小介於 1 至 100 奈米的材料稱為**奈米材料**。

15. 蓮花具有自潔功能、蜜蜂飛行不會迷失方向、壁虎能在天花板或牆壁上來去自如,都是因為它們本身有奈米級材料。

習題

一、選擇題

( ) 1. 欲使光電效應之光電子具有較大的動能，則照射光應具有 (A)較長的波長 (B)較長的照射時間 (C)較高的頻率 (D)較大的速度。

( ) 2. 下列何者是半導體材料？ (A)碳 (B)磷 (C)矽 (D)硼。

( ) 3. 台灣的電子工業發展蓬勃，我們日常生活中經常提到「IC」這個名詞，請問「IC」是什麼東西的縮寫簡稱？ (A)微電腦 (B)半導體 (C)積體電路 (D)二極體。

( ) 4. 歐尼斯在 1911 年發現汞在 4.2K 時，其電阻突降為零，這種電阻為零狀態的物體稱為 (A)半導體 (B)超導體 (C)雷射 (D)光纖。

( ) 5. 「雷射」是近代科學的重大成就之一，下列哪一項不是「雷射」的特性？ (A)準直 (B)光度強 (C)光束不發散 (D)廉價。

( ) 6. 下面有關雷射的敘述，何者不正確？ (A)直視雷射可能造成視力損害 (B)雷射與普通光源造成的光波沒有兩樣，只是有更大的強度而已 (C)有些雷射可以作為眼科手術的工具 (D)有些雷射能夠切割鋼板。

( ) 7. 下列各項技術中，何者不是雷射的應用？ (A)長距離測量 (B)眼科近視手術 (C)光碟片燒錄機 (D)震波碎石術。

( ) 8. 下列有關液晶的敘述，何者錯誤？ (A)液晶是介於液態與氣態間的穩定態 (B)由有機分子組成 (C)最早由奧地利植物學家雷尼哲所發現 (D)液晶的方向性可經由電場或磁場來控制。

（　）9. 液晶顯示亮暗的原理主要是利用　(A)光的激發　(B)溫度的變化　(C)電場的變動　(D)機械推動。

（　）10. 彩色電視機是利用三原色不同比例混合而得到各式各樣的色彩，下列何者非此三原色？　(A)紅　(B)藍　(C)黃　(D)綠。

（　）11. 關於液晶的敘述下列何者錯誤？　(A)液晶顯示器中的液晶主要的功能為光閥，控制入射光射出的強度　(B)給予高電壓液晶會主動發光，不同種類的液晶發射不同的色光　(C)液晶分子受溫度、電場與磁場的影響有不同的排列　(D)我國的液晶顯示器產業已趨成熟。

（　）12. 1 奈米等於多少公尺？　(A) 10^{-8}　(B) 10^{-9}　(C) 10^{-10}　(D) 10^{-11}。

（　）13. 下列何者為大自然界裡最具代表性的奈米效應　(A)蓮花效應　(B)極光　(C)彩虹　(D)閃電

（　）14. 「蓮花效應」是指表面有自潔功能，其原理是因　(A)表面極為光滑　(B)表面有具疏水性的微細臘質結晶結構　(C)表面有一層油脂　(D)表面有一層蠟。

二、填充題

1. 容易導電的物體稱為_____；很難導電的物體稱為_____；導電性介於導體和絕緣體之間的物體稱為_____。

2. 下列名詞的英文縮寫分別為什麼？
   (1) 積體電路：_____
   (2) 雷射：_____
   (2) 液晶顯示器：_____

三、計算題

1. 台積電南科晶圓 18 廠於 2018 年 1 月 26 日舉行動土典禮，董事長張忠謀主持次動工興建廠房，期待 2 年後，也就是 2020 年台積電將會是全世界首家量產 5 奈米的廠商。試問「5 奈米」等於多少公尺？

附錄

示範實驗一　游標尺的應用

一、實驗目的：瞭解游標尺的構造及原理，並熟悉游標尺的使用。

二、實驗儀器：游標尺 1 支、空心圓柱筒 1 個。

三、實驗原理說明

1. 游標尺外觀構造如圖 1 為示：

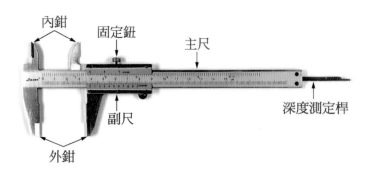

❖圖 1　游標尺外觀

(1) 長的是主尺，其最小刻度間隙為 1mm。

(2) 騎在主尺上可以滑動的是副尺，其上刻度可輔助主尺的讀數精確到 0.05 (mm)。

(3) 外鉗為測外徑的鉗口、內鉗為測內徑的鉗口、深度測定桿為測量深度的鋼桿。

2. 刻度原理：

(1) 如圖 2 為示，當主尺與副尺的零刻度重合時，主尺的 39(mm)與副尺的刻度 10 重合，代表副尺 1 刻度為 $\frac{39}{10} = 3.9$(mm)，其與主尺刻度 4.0(mm)相差 0.1(mm)。

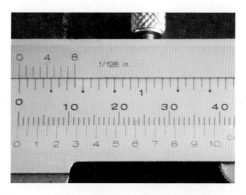

❄ 圖 2　主尺的 39(mm)與副尺的刻度 10 重合

(2) 當待測物體長度為 0.1(mm)時，副尺刻度 1 會與主尺刻度 4 對齊；當待測物體的長度為 0.2(mm)時，副尺刻度 2 會與主尺刻度 8 對齊，以此類推。

(3) 若副尺的刻度 n 與主尺某刻度對齊時，代表待測物長度為 0.n(mm)。

(4) 例如圖 3 之測量結果，副尺的零刻度介於 12(mm)和 13(mm)之間，代表待測物體長度介於 12(mm)和 13(mm)之間，則整數部分為 12(mm)，又副尺刻度 1.5 與主尺某刻度對齊，代表小數部分為 0.15(mm)，因此待測物體長度為 12.15(mm)。

❄ 圖 3　副尺刻度 1.5 與主尺某刻度對齊，代表小數部分為 0.15(mm)

四、實驗步驟

1. 如圖 4，將圓筒置於測外徑的鉗口之間，移動副尺將圓筒夾緊，由主尺及副尺刻度判讀原筒外徑，重複三次取平均值。

2. 如圖 5，將測內徑的鉗口置於圓筒內，移動副尺將圓筒撐緊，由主尺及副尺刻度判讀原筒內徑，重複三次取平均值。

3. 如圖 6，將深度測定桿置於圓筒內，移動副尺以抵住圓筒底部，由主尺及副尺刻度判讀原筒深度，重複三次取平均值。

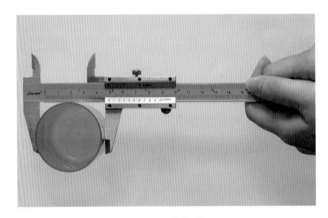

✽ 圖 4　測量外徑

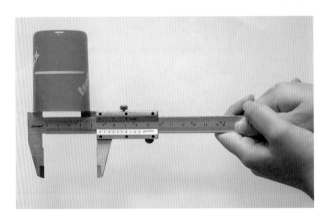

✽ 圖 5　測量內徑

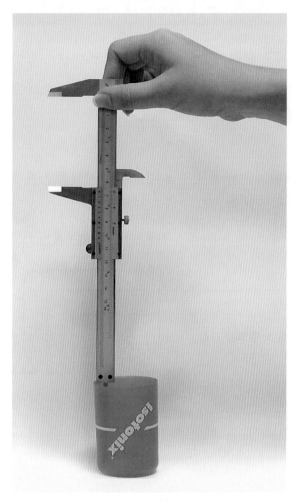

✚ 圖 6 測量深度

五、實驗記錄

	第 1 次	第 2 次	第 3 次	平均值
圓筒外徑				
圓筒內徑				
圓筒深度				

示範實驗二　摩擦力的觀察

一、 **實驗目的**：觀察影響最大的靜摩擦力的變因。

二、 **實驗器材**：相同規格的長方體木塊 3 個、可夾於桌緣的定滑輪 1 個、細線 1 條、輕質托盤 1 個、砝碼數個。

三、 **實驗步驟**

1. 如圖 7 的實驗裝置，在托盤上逐漸增加砝碼的質量，直到木塊開始滑動，記錄此時砝碼和托盤的總重，此即最大靜摩擦力。

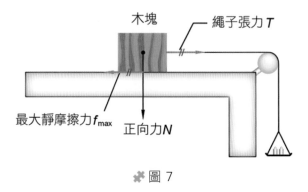

木塊
繩子張力 T
最大靜摩擦力 f_{max}
正向力 N

✥圖 7

2. 如圖 8 的實驗裝置，重覆步驟 1 測量兩個木塊、三個木塊重疊時的最大靜摩擦力。

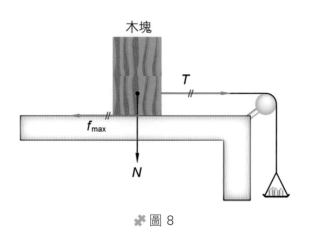

木塊
T
f_{max}
N

✥圖 8

3. 如圖 9，將木塊翻轉，以不同的接觸面積放置桌面，重覆步驟 1，測量不同接觸面積的最大靜摩擦力。

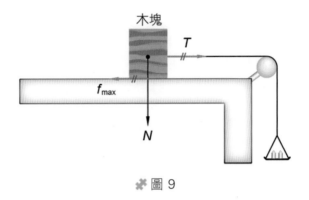

✳ 圖 9

4. 如圖 10，在桌面上黏貼一張砂紙，重覆步驟 1，測量不同性質之接觸面的最大靜摩擦力。

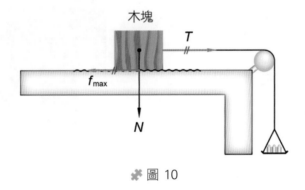

✳ 圖 10

四、實驗討論

1. 最大靜摩擦力與正向力（木塊重量）有何關係？

2. 最大靜摩擦力與兩物體接觸面積有何關係？

3. 最大靜摩擦力與接觸面之性質有何關係？

示範實驗三　電磁感應

一、實驗目的

　　利用磁鐵棒與線圈的相對運動,來瞭解電磁感應現象,並藉由觀察感應電流的方向,來驗證冷次定律。

二、實驗器材

　　如圖所示線圈 1 個、檢流計(或微安培計)1 個、磁鐵棒 1 根、接線 2 條。

三、實驗步驟

1. 如圖所示,將磁棒 N 極由線圈上方插入,觀察檢流計指針偏轉方向。

2. 將磁棒靜止於線圈中,觀察檢流計指針偏轉方向。

3. 將磁棒由線圈上方抽出,觀察檢流計指針偏轉方向。

✽ 圖 11　將磁棒 N 極由線圈上方插入

四、實驗討論

1. 將磁棒插入或抽出速率變快,檢流計指針偏轉幅度有何變化?

2. 改成將磁棒 S 極由線圈上方插入或抽出,檢流計指針偏轉方向是否有所不同?

示範實驗四　音叉的振動

一、實驗目的：瞭解音叉產生聲音的原因。

二、實驗器材：音叉 1 支、保麗龍球 1 個、棉線 1 條、水槽 1 個。

三、實驗步驟：

1. 如圖 12，用橡皮槌敲擊音叉的一股，將音叉接觸一懸吊的保麗龍球，觀察保麗龍球是否會被振開。

2. 如圖 13，將振動的音叉輕輕觸及水面，觀察水面是否濺起水花。

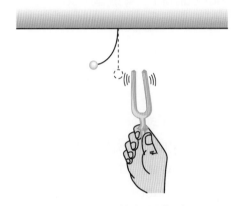

❖ 圖 12　音叉使保麗龍球彈開

❖ 圖 13　音叉使水面濺起水花

四、實驗討論：

1. 音叉產生聲音的原因為何？

2. 如果更用力敲擊音叉，則音叉振動幅度變化為何？其所產生聲音響度變化為何？

索 引

圖片來源

圖片名稱	單元	頁碼	圖片來源
圖 1-3	1-2	9	網頁 https://reurl.cc/OkkDr
圖 1-5	1-2	11	《大專物理》，林水盛，新文京出版社。(2001.8.1)
圖 1-6	1-2	13	網頁 https://traintravelexpert.com/japan-train-101/
圖 1-7	1-2	13	國家度量衡標準實驗室 http://www.bsmi.gov.tw/page/pagetype8_sub.jsp?no=1&pageno=1204&type_no=1&groupid=5
圖 1-8	1-2	14	網頁 http://www.nist.gov/public_affairs/images/slide2_large.jpg
圖 2-17	2-5	48	網頁 https://reifenpresse.de/2015/05/13/momo-tires-gewaehrt-ersten-blick-auf-neuen-runflatreifen-top-run-m30-rsc/
圖 3-11	3-4	70	本公司拍攝
圖 3-17	3-4	73	網頁 http://pics20.blog.yam.com/7/userfile/f/ffg936/blog/1474b979d59b92.jpg
圖 3-20	3-5	75	網頁 http://img.pcstore.com.tw/~prod/M20000771/_sE_3777343933.jpg?pimg=static&P=1427698493
圖 3-24	3-6	79	本公司拍攝
圖 3-27(a)	3-6	81	本公司拍攝
圖 3-27(b)	3-6	81	郭文豐先生提供
圖 4-8	4-2	96	網頁 http://upload.wikimedia.org/wikipedia/commons/9/99/Northwest_Crown_Fire_Experiment.png
圖 4-13	4-5	109	網頁 https://www.berkeleyside.com/2011/12/02/neighbors-fight-to-save-strawberry-creek-park-slide
圖 4-22(a)	4-6	114	網頁 http://lh3.ggpht.com/_UjsMT61SmrA/SJZnjDUM8kI/AAAAAAAAFUM/UUIerkgGPtk/670.JPG
圖 4-22(b)	4-6	114	網頁 http://nativecultural.org/Tunnels/DSCF1326.jpg

圖片名稱	單元	頁碼	圖片來源
圖 5-1	5-1	122	網頁 https://sciencing.com/what-formula-velocity-wave-4684747.html
圖 5-22	5-4	140	網頁 https://www.indiamart.com/proddetail/concave-mirror-13051262512.html
圖 5-28(a)	5-5	144	網頁 http://clipground.com/images/optical-refraction-clipart-2.jpg
圖 5-29	5-5	145	網頁 https://en.wikipedia.org/wiki/Refraction#/media/File:F%C3%A9nyt%C3%B6r%C3%A9s.jpg
圖 5-33	5-5	147	本公司拍攝
圖 5-34	5-5	147	本公司拍攝
圖 5-35(b)	5-5	148	網頁 https://www.google.com.tw/search?q=%E9%80%8F%E9%8F%A1%E6%8A%98%E5%B0%84&source=lnms&tbm=isch&sa=X&ved=0ahUKEwj2qaP-yKjgAhUDE4gKHRNwB9sQ_AUIDigB&biw=1164&bih=527#imgrc=2agEH2MVHAmjqM
圖 5-36(b)	5-5	148	網頁 https://www.google.com.tw/search?q=%E9%80%8F%E9%8F%A1%E6%8A%98%E5%B0%84&source=lnms&tbm=isch&sa=X&ved=0ahUKEwj2qaP-yKjgAhUDE4gKHRNwB9sQ_AUIDigB&biw=1164&bih=527#imgdii=t_dvC4HGOo9itM:&imgrc=2agEH2MVHAmjqM
圖 6-13	6-2	174	《How it Works 知識大圖解》，2014 年 11 月號
圖 6-18	6-2	178	網頁 http://news.takungpao.com.hk/paper/q/2015/0418/2975979.html

 New Wun Ching Developmental Publishing Co., Ltd.
New Age · New Choice · The Best Selected Educational Publications — NEW WCDP

NEW WCDP

新文京開發出版股份有限公司

新世紀‧新視野‧新文京—精選教科書‧考試用書‧專業參考書